PHYSICAL · PROPERTIES · OF · RESERVOIR · ROCKS · AND · FLUIDS

저류암과 유체의 물성

이근상 · 성원모 공저

도서출판
구미서관

머리말

저류암과 그 속에 내포된 유체의 물성은 저류층 내 유체 유동과 생산을 마친 저류층 내 잔존 탄화수소 양을 결정하는 중요한 인자이다. 저자는 저류암과 유체 물성을 측정하는 석유공학 실험과목을 진행하면서 학생들이 암석물리학(petrophysics)의 기본 개념에 대한 튼튼한 이론적 바탕을 갖추는 것이 꼭 필요하다는 점을 느꼈다. 저류암과 유체 물성에 대한 이론적 지식은 석유공학 커리큘럼 내의 모든 과목과 연계되어 있고 모든 석유산업 활동의 기초가 되기 때문이다. 그러나 우리나라에서 석유공학의 역사가 일천한 까닭에 학생들에게 자신있게 권할 수 있는 적절한 교재나 참고도서가 부족한 상황이었다. 이에 저자는 직접 교재를 집필함으로써 학생들에게 꼭 필요한 이론을 체계적으로 제시해야 하겠다는 결정을 하게 되었다.

이 책은 다공성 저류암의 성질과 유체간의 상호 작용에 대한 개념과 이론을 주로 다루고 있으며 부록으로 실험 측정에 관한 내용을 포함하고 있다. 이 책을 집필하기 위하여 많은 문헌을 조사하였으며 특히 다음 자료들을 중점적으로 참고하였다.

Miller, M.A., Advanced Petrophysics, Lecture Note, U. of Texas at Austin

Peters, E.J., Petrophysics, Lecture Note, U. of Texas at Austin

Sharma, M.M., Fluid Flow in Porous Media, Lecture Note, U. of Texas at Austin

Tiab, D. and Donaldson, E.C., Petrophysics

Wu, C.H., Reservoir Petrophysics, Lecture Note, Texas A&M U.

Zolotukhin, A.B., Reservoir Engineering

1장에서는 저류공학의 기본 개념과 정의를 설명하고 저류층 내 유체 분포에 관한 이론과 예제를 소개하였다. 2장과 3장은 저류암 물성 중 가장 중요한 공극률과 투과도에 대하여 다루고 있다. 2장에서는 공극률의 분류와 공극률을 결정하는 체적 인자들의 결정법을 주로 설명하였다. 3장에서는 Darcy 법칙을 도입하여 투과도를 수학적으로 정의하고 다양한 상황에서의 적용 사례를 제시하였다. 4장에서는 공극 공간 내 다상 유체의 분포를 결정하는 습윤도와 모세관 압력을 이론적으로 설명하고 저류층 내 유체 분포 및 공극 분포와의 관계를 다루었다. 5장에서는 저류암 내 다상 유체 분포에 따른 각 유체의 포화율 결정법을 설명하였다. 6장은 다상 유체의 유동과 관련된 상대투과도를 설명하고 다양한 결정법들을 소개하였다. 7장에서는 저류층을 구성하는 저류암과 유체의 압축도의 정의와 중요성을 검토하였다. 8장은 검층에서 중요한 전기적 성질과 열공법 시 고려해야 하는 열 물성을 다루었다. 9장은 저류층 내 탄화수소 유체의 물성을 pVT 상평형의 관점에서 설명하였다.

이 책의 내용과 수준은 석유공학을 공부하는 학부 학생들을 위하여 조정되었지만 석사과정 학생들에게도 좋은 참고도서가 되길 희망한다. 이 책을 통하여 학생들이 암석물리학의 기본 개념들을 물리적으로 이해하고 수학적으로 표현할 수 있는 능력을 배양하여 석유공학의 튼튼한 기초를 쌓기 바란다. 독자들의 제언은 향후 이 책의 개정판을 낼 때 귀중한 자료로 활용할 것임을 미리 밝힌다.

2012.3

저자

차 례

제1장 저류공학의 기본 개념과 정의

제2장 공극률

제3장 투과도

제4장 습윤도와 모세관 압력

제5장 포화율

제6장 상대투과도

제7장 저류암과 유체의 압축도

제8장 전기 및 열 특성

제9장 저류층 유체의 특성

부록 실험 매뉴얼

제1장
저류공학의 기본 개념과 정의

PHYSICAL PROPERTIES OF RESERVOIR ROCKS AND FLUIDS

저류암과 유체의 물성

1.1 연속체 역학

연속체 역학의 물리적인 개념에 근거하여 저류공학과 관련된 지반 현상을 이해할 수 있다. 이 개념에 따르면 유체로 포화된 다공성 암석층이 연속체(連續體, continuum)를 형성하는데 이는 비록 고려한 요소체적(要素體積, elementary volume)이 아주 작거나 0에 가까울 지라도 모든 구성 성분(암석, 물, 오일, 가스)이 저류층 공간의 개별 요소 또는 체적 부분에 존재함을 의미한다. 이러한 개념적 접근법을 통하여 여과이론(filtration theory)으로 불리는 다공성 매체 내 액체 및 가스 유동에 대한 유용한 이론을 개발할 수 있다. 실제로 대부분의 중요한 수치 시뮬레이션 프로그램들은 이 이론에 근거를 둔다.

다공성 암석의 일부 체적에서 발생하는 유체 유동은 비록 미소할지라도 복잡한 현상으로 인해 오직 정성적으로만 기술할 수 있다. 그러나 연속체 역학으로 기술할 수 있는 "암석-유체"시스템의 거동에는 몇 가지 규칙성이 있다. 여과 이론의 목적상 연속체 역학의 법칙은 요소체적이 다수의 공극과 암석 입자를 가질 정도로 충분히 클 때만 유효한 것으로 간주된다. 이러한 조건에 따라 다공성 매체의 평균 인자들은 암석 내에서 발생하는 유체 유동 프로세스를 묘사할 때 충분한 대표성을 갖는다. 만약 요소체적이 너무 작고 암석의 공극 또는 입자 크기에 필적하면 여과이론은 성공적으로 적용될 수 없다. 이와 같은 개념상의 가정이 필요한 이유는 다음과 같이 설명할 수 있다. 그림 1.1에 나타난 것처럼 유동 및 전달현상이 미시적에서 거시적으로 변화할 때 자연 저류층 내 액체와 가스 유동을 고려해보자. 그림 1.1에서 나타나는 많은 물리적인 현상(모세관 효과, 유체 흡착 효과 등)은 입자 크기가 암석 또는 균열암의 암편(10^{-4}~10^{0} m)과 대등한 경우에 발생한다.

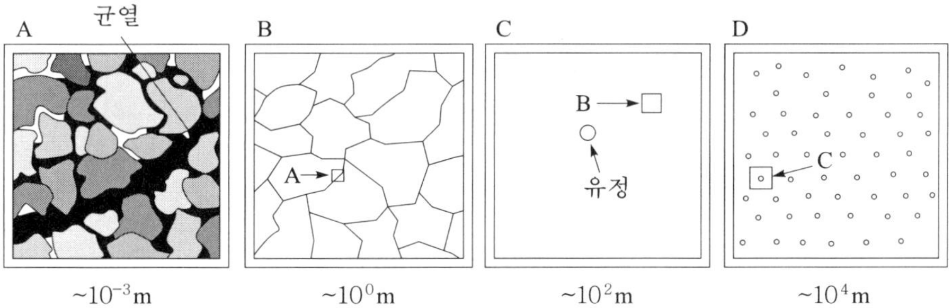

그림 1.1 관찰 크기에 따른 균열 저류암의 구조

요소체적이 10^2~10^4 m인 범위에서 고려한 미시규모 현상의 효과는 평균화를 통해 큰 규모에서 쉽게 인자화할 수 있다. 마찬가지로 저류층 불균질성을 거시규모 수준(암상 변동, 층서 등)에서 고려할 때도 연속체 역학의 개념을 적용할 수 있다. 반면 입자 크기와 필적하는 크기의 모든 미시 불균질성은 유동방정식에서 상수로 간주되거나(인자화된 원생수 포화율, 잔류 오일 포화율 등) 경험적 관계식(함수)으로 기술한다. 여과이론의 기본 정의는 유체포화율(물, 오일, 가스에 의해 점유된 공극 체적의 백분율)뿐만 아니라 공극률(암석의 유체 저장 능력)과 투과도(암석의 유체 유동 능력) 간의 분포를 포함한다.

1.2 저류층 압력과 유체상의 분포

저류층 내 석유의 이동과 축적이 진행되면 암석 공극이 수습윤성이어서 암석 벽이 수막으로 덮여있을지라도 최초 공극수가 차지하고 있던 공간을 가스와 오일로 대체한다(그림 1.2). 밀도의 차로 인해 가스는 저류층 상부에 오일은 바로 하부에 축적된다. 물은 석유 하부에 대수층으로 존재하며 그림 1.3에서 보이는 것과 같이 습윤성 유체로 저류층 전체에 연속적으로 분포한다.

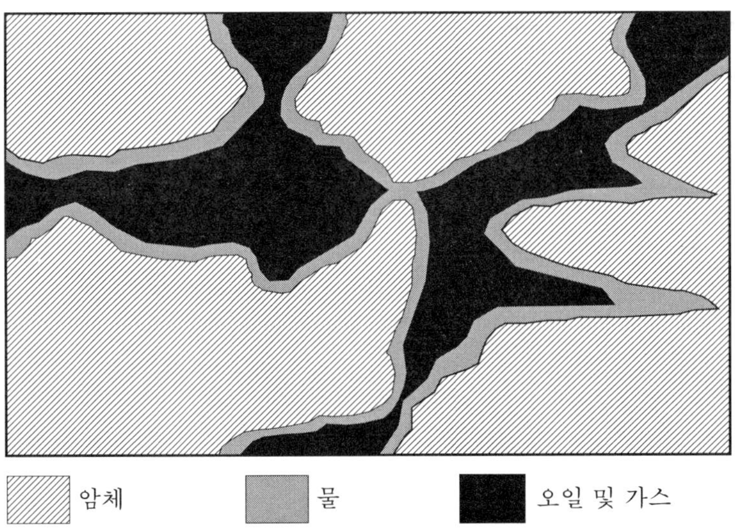

그림 1.2 저류암 공극 내 유체 분포

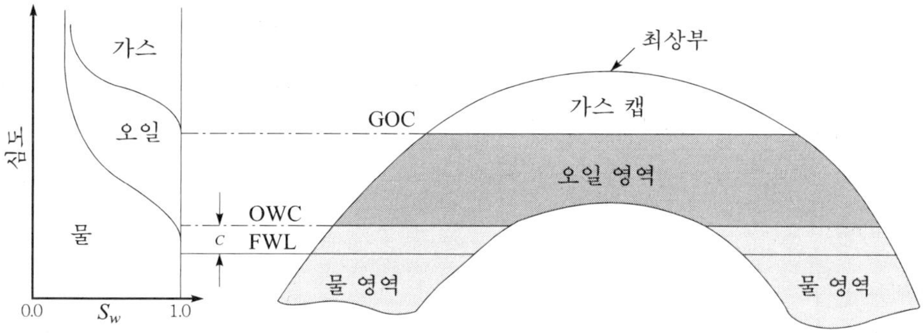

그림 1.3 저류층 내 유체상의 분포

다음의 저류층 내 유체의 경계면은 중요하다.:

- **가스-오일 접촉면**(接觸面)(gas-oil contact, GOC) : 하부의 오일 영역과 가스 캡을 분리하는 면으로서 GOC하부에서 가스는 오일 내 용존상으로만 존재한다.
- **오일-물 접촉면**(oil-water contact, OWC) : 오일 영역과 하부의 물 영역을 분리하는 면으로서 OWC하부에서 오일은 일반적으로 존재하지 않는다.
- **자유수위**(自由水位, free water level, FWL) : 오일 영역의 압력과 물 영역의 압력이 같은 가상의 면으로서 $p_o = p_w$ 이다. 즉 FWL은 다공성 매체와 관련된 모세관력이 없을 때 오일-물의 접촉면이다.

그러나 "오일-물 접촉면"이란 용어는 저류 공학 고려사항에서 단일한 의미를 갖지 않는다. 저류층 지역에서 물 포화율의 연속적인 분포는 오일상의 상대 유동도(流動度, mobility)에 큰 영향을 미치며 순차적으로 이는 다음의 포화 경계면을 구분하는데 필요하다.

- **자유오일 심도**(free oil level, FOL) : FOL 이상에서는 완전 오일 유동(100%의 오일 생산성)에 충분한 오일 포화율과 물을 비유동화할 수 있는 낮은 물 포화율을 나타낸다. 대부분의 저류층에서 이 단계의 S_o는 70%를 초과(이는 S_w < 30%를 의미)하는 위치이다.

- 경제적 OWC : 충분한 오일이 유동화되어 저류층 상부의 모든 부분이 경제성이 있는 위치. 대부분의 저류층에서 이 단계의 S_o는 저류층 조건에 따라 실제 한계 값이 변할지라도 50%를 초과하여야 한다.
- 생산성 OWC : 오일이 유동화되는 위치로서 S_w가 80~85% 정도, S_o가 15~20%인 것을 의미한다.
- 단수(端水, edge water) 수위 : 앞서 정의한 것(S_w의 단계=100%)과 같이 생산성 오일-물 접촉면 하부에 위치한 OWC이다. 여기서도 소량의 오일이 남아있을 수 있기 때문에 일반적으로 단수 수위는 항상 "100% 물 수위"가 아니다. 이것은 저류층의 특성에 기반을 두며 암석 공극에 침수되거나 유주(油柱, oil column) 아래 모세관력에 의해 오일이 완전히 포획된 위치를 말한다(오직 열 분배만이 사공극으로부터 오일을 제거할 수 있다). 그러므로 일부 엔지니어들은 이 면을 모세관 오일 대체 위치 또는 임계 압력으로 언급한다.

추가적인 언급이 없더라도 이러한 면의 분포는 물리적(유체역학), 경제적(오일 회수)인 측면에서 중요하게 고려해야 한다. 경계면은 일반적으로 분석과 유정시험(생산성 시험)을 근거로 결정한다. FWL은 암석의 독립적인 OWC처럼 보일 수도 있으며 그림 1.3에서 나타나듯이 유주의 절대 기준을 나타낸다.

임의의 저류층 심도에서 총 압력은 유체로 포화된 상부의 암석 중량에 의한 것으로 흔히 **상재압력**(上載壓力, overburden pressure) p_{ov}라 부른다. 그림 1.4에서 묘사한 것과 같이 특정 심도에서의 총 압력은 상재 유체기둥(fluid column) 압력(p_f)과 상재 암체기둥 압력(p_m)의 합으로 나타낸다. 따라서 이것을 그림으로 표현하면 다음과 같다.

$$p_{ov} = p_f + p_m \tag{1.1}$$

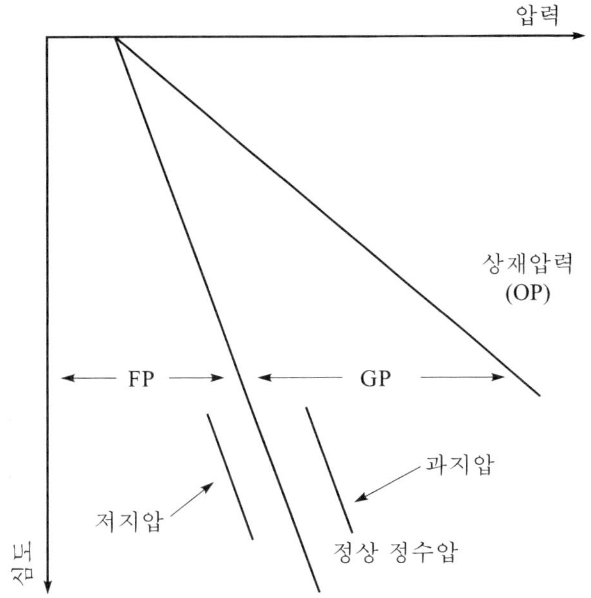

그림 1.4 입자 기둥 압력과 유체 기둥 압력으로 결합된 하중압

특정 깊이 D 에서 상재압력 p_{ov} 는 일정하기 때문에 상재압력의 미분은 0이 된다, 즉

$$dp_f = -dp_m \tag{1.2}$$

이는 생산 중 발생하는 유체의 압력감소가 입자 압력을 증가시킨다는 것을 의미한다. 그러므로 암석 압축도는 석유(특히 오일) 생산량을 추산할 때 고려해야 하는 중요 인자이다.

1.3 저류층 내 압력 분포

임의의 심도 D 에서 **정수압**(定水壓, hydrostatic pressure)은 다음과 같이 계산한다.

$$p_w(D) = \int_{D_o}^{D} \left(\frac{dp}{dz}\right)_w dz + p_w(D_o) \tag{1.3}$$

여기에서 $\left(\frac{dp}{dz}\right)_w$ 는 심도 z 에서의 물의 압력 구배를 나타내며 D_o 는 해저면 또는 해수면에서의 압력과 같이 압력값을 알고 있는 임의의 심도를 말한다. 그러므로 해수면까지 물에서 연속적인 상의 접촉이 있는 한 저류층의 임의 심도에서 정수압은 수압과 동일하다. 만약 구배가 일정하면 정수압은 다음과 같이 나타낼 수 있으며,

$$p_w(D) = \left(\frac{dp}{dz}\right)_w (D - D_o) + p_w(D_o) \tag{1.4}$$

D_o 가 해수면이라면 방정식은 다음과 같다.

$$p_w(D) = \left(\frac{dp}{dz}\right)_w (D - D_o) + 14.7 \text{ (psia)}$$

$$\text{또는 } p_w(D) = \left(\frac{dp}{dz}\right)_w (D - D_o) + 1.0 \text{ (bar)} \tag{1.5}$$

물, 오일, 가스 상에 대한 전형적인 수직 압력 구배는 다음과 같다.

$$(dp/dD)_w = 0.45 \text{ psi/ft} = 10.2 \text{ kPa/m}$$
$$(dp/dD)_o = 0.36 \text{ psi/ft} = 7.9 \text{ kPa/m}$$
$$(dp/dD)_g = 0.08 \text{ psi/ft} = 1.8 \text{ kPa/m}$$

지질학적 변동의 결과로 저류층이 주위 대수층으로부터 떨어져 있을 때 압력이 비정상

적으로 높거나 낮은 저류층이 나타날 수 있다. 위에 제시된 압력 방정식에 상수(C)를 사용함으로써 저류층 압력을 수정할 수 있다. 상수는 저류층 압력이 유체 정역학적 평형이 아니라는 사실을 반영하며 저류층에서의 압력이 예상한 것보다 다소 높거나 낮다는 것을 의미한다.

일반적인 저류층에 대한 수압은 다음과 같다.

$$p_w(D) = \left(\frac{dp}{dz}\right)_w (D - D_o) + 14.7 + C \text{ (psia)} \tag{1.6}$$

여기에서 과압(過壓, overpressure)이 관측될 때 C는 양수이고 저압(低壓, underpressure) 저류층의 경우 음수이다.

저류층 내 압력분포를 평가하기 위해 그림 1.5에서 보이는 것과 같은 저류층 단면을 고려해 보자.

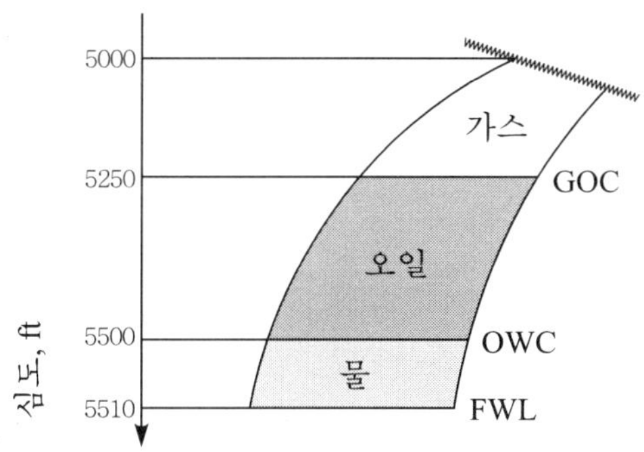

그림 1.5 저류층의 단면

수직압력 조건 하에 저류층의 주요 위치에서 유체상 압력을 평가할 수 있다.

- 물상

$$(p_w)_{FWL} = (0.45)(5{,}510) = 2{,}494.2 \text{ psia}$$

$$(p_w)_{OWL} = (0.45)(5{,}500) = 2{,}489.7 \text{ psia}$$

$$(p_w)_{GOC} = (0.45)(5{,}250) = 2{,}377.2 \text{ psia}$$

$$(p_w)_{\text{top}} = (0.45)(5{,}000) = 2{,}264.7 \text{ psia}$$

- 오일상

$$(p_o)_{FWL} = (0.35)(5{,}510) + C_o = 2{,}494.2 \text{ psia}$$

$$C_o = 565.7 \text{ psia}$$

$$(p_o)_{OWC} = (0.35)(5{,}500) + 565.7 = 2{,}490.7 \text{ psia}$$

$$(p_o)_{GOC} = (0.35)(5{,}250) + 565.7 = 2{,}403.2 \text{ psia}$$

$$(p_o)_{top} = (0.35)(5{,}000) + 565.7 = 2{,}315.7 \text{ psia}$$

- 가스상

$$(p_g)_{GOC} = (0.08)(5{,}250) + C_g = 2{,}403.2 \text{ psia}$$

$$C_g = 1{,}983.2 \text{ psia}$$

$$(p_g)_{\text{top}} = (0.08)(5{,}000) + 1{,}983.2 = 2{,}383.2 \text{ psia}$$

서로 다른 상의 압력 차이(물, 오일과 가스)는 일반적으로 FWL 압력 $(p_w)_{FWL}$ 인 공통 기준면으로부터 유도된다. 이 위치에서 물과 오일의 압력차는 없으므로 두 압력은 같다. 즉 $(p_w)_{FWL} = (p_o)_{FWL}$ 이다. 오일상이 공극 공간(최대 공극 연결부)으로 들어가기 위한 오일의 압력이 낮기 때문에 실제로 FWL과 OWC사이의 영역에서는 오일이 존재하지 않는다. 따라서 OWC는 저류층에서 물 포화율이 1보다 작아지는 위치가 되고 결과적으로 이 지역에서 물 포화율은 이상적으로 100%로 간주한다. FWL과 같이 GOC는 오일과 가스상의 압력이 동일한 저류층 위치로 정의되며 종종 이 압력을 **저류층 압력**(reservoir pressure)이라 부른다.

서로 다른 상의 압력 차이는 그림 1.6에서 보이는 것처럼 저류층 내 동일 위치에서 관찰된다. 두 개의 공존하는 상간의 압력 차를 **모세관 압력**이라 하며 $(p_c)_{ij}$ 로 표시한다. 여기에서 하첨자 i 와 j 는 오일-물, 가스-오일 또는 가스-물을 나타낸다.

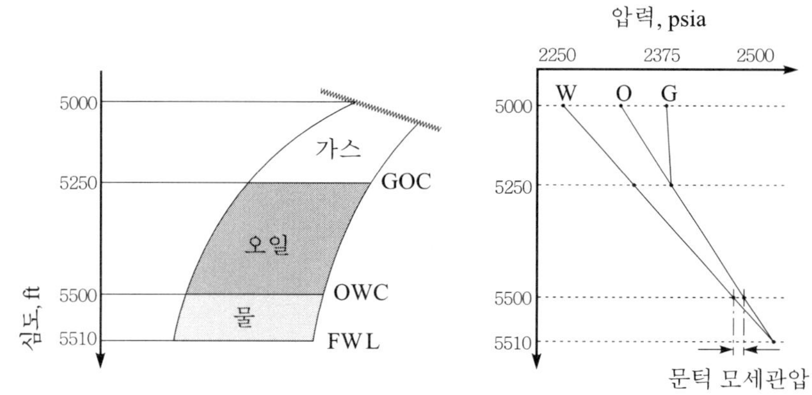

그림 1.6 저류층에서의 압력 분포

그림 1.5과 1.6에서 보이는 것처럼 저류층 상부에서의 모세관 압력은 다음과 같다.

$$\left(p_c\right)_{ow}^{\text{top}}=\left(p_o\right)_{\text{top}}-\left(p_w\right)_{\text{top}}=2{,}315.7-2{,}264.7=51.0\text{ psia}=3.5\text{ bar}$$

$$\left(p_c\right)_{ow}^{\text{top}}=\left(p_o\right)_{\text{top}}-\left(p_w\right)_{\text{topt}}=2{,}383.2-2{,}315.7=67.5\text{ psia}=4.6\text{ bar}$$

$$\left(p_c\right)_{ow}^{\text{top}}=\left(p_o\right)_{\text{top}}-\left(p_w\right)_{\text{topt}}=2{,}383.2-2{,}264.7=118.5\text{ psia}=8.1\text{ bar}$$

모세관 압력 계산식과 그림 1.5는 저류층 내 동일 위치에서 각 상의 압력이 다르다는 것을 나타내며 모세관 압력은 가산적이다.

$$\left(p_c\right)_{gw}=\left(p_c\right)_{ow}+\left(p_c\right)_{go} \tag{1.7}$$

정상조건(초기 저류층)에서 저류층 내 상의 분포는 중력과 모세관력에 의해 결정된다. 중력과 모세관력은 비혼합성 유체와 고체 물질에 작용하며 중력은 상을 저류층 유체의 밀도에 따라 분리시키는 반면 모세관력은 분리를 억제한다. 그림 1.6에 나타난 것과 같이 두 가지 힘의 평형에 따라 저류층 내 상의 평형 분포가 결정된다.

예제

식 1.3을 이용하여 심도 D 에서의 수압을 결정하는 공식을 유도하시오.

풀이

식 1.3에서 $p_w(D_o)$ 는 대기압 p_{atm} 을 말한다. 임의 깊이에서의 수압은

$$p = \frac{F}{A} \rightarrow dp = d\left(\frac{F}{A}\right)$$

이다. 여기에서 $\frac{F}{A}$ 는 단면적당 중량에 의한 힘이므로 압력의 변화는

$$dp = d\left(\frac{mg}{A}\right) = d\left(\frac{\rho_w g V_w}{A}\right) = d\left(\frac{\rho_w g A D}{A}\right) = \rho_w g dD$$

이 식에서 ρ_w 는 물의 밀도, g 는 중력가속도, D 는 심도를 의미한다. 최종 결과를 방정식 1.10에 대입하여 심도 D에서 수압에 대한 일반적인 공식을 얻을 수 있으며 이는 다음과 같다.

$$p_w(D) = \int_0^D \rho_w g dD + p_{\text{atm}}$$

중력계수가 일정할 때 저류층에서 압력의 변동은 유체 밀도만으로 결정된다. ■

연습문제

01 압력 구배$\left(\frac{dp}{dz}\right)$가 10.2 kPa/m로 측정되었을 때 지층수의 밀도를 계산하시오.

02 213 bar의 저류층 압력이 해저 2,000 m에서 측정되었다. 저류층의 압력 상태에 관해 평가하고 과하중/저하중 상태를 결정하시오. (단, 물의 압력 구배는 10.2 kPa/m이다.)

03 지층수의 염도는 정수압 예측에 영향을 미친다. 염도의 불확실성이 물의 밀도 측정에 $\Delta\rho$ = 1.11~1.31 g/cm^{3}의 차이를 야기했다면 상단부에서 자유수위까지 거리가 150 m인 저류층 내부의 압력 변화를 결정하시오.

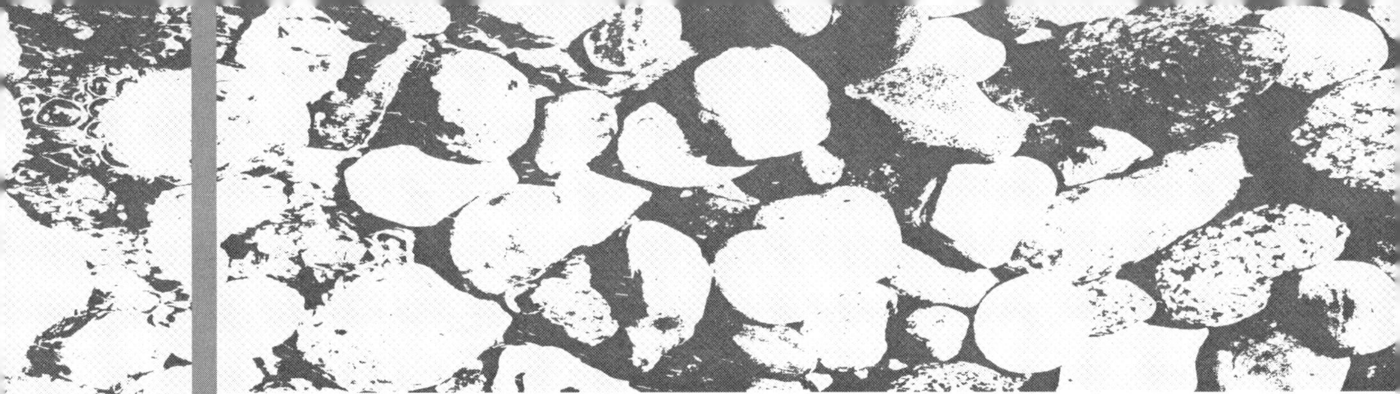

제2장

공극률

PHYSICAL PROPERTIES OF RESERVOIR ROCKS AND FLUIDS
저류암과 유체의 물성

2.1 정의 및 분류

공극률(孔隙率, porosity)은 암석 시료의 가장 기본적이고 중요한 특성이다. 공극률은 다공성 암석의 총체적 중 암석 입자나 입자 간 교결제(膠結劑, cement)로 작용하는 세립이암(細粒泥岩, fine mud rock) 등에 의해 점유되지 않는 부분으로 구성되며 유체 저장능력을 나타낸다. 공극률은 정적(定的, static) 인자라는 점에서 주의해야 하며 고려한 다공성 암석 매체의 대표 요소체적의 평균으로 정의된다. 공극률은 다음과 같이 정의된다.

$$\frac{\text{공극 체적}}{\text{총체적}} = \frac{\text{총체적} - \text{고체 체적}}{\text{총체적}}$$

$$\phi = \frac{V_p}{V_b} = \frac{V_b - V_s}{V_b} = 1 - \frac{V_s}{V_b} \tag{2.1}$$

여기에서 V_p 는 공극 체적, V_b 는 총체적, V_s 는 고체 체적이다. 공극률은 백분율(%)로 나타내기도 한다.

공극률은 1차와 2차로 분류할 수 있다. 1차 공극률은 퇴적물(堆積物, sediment)의 퇴적 중 형성된 것으로 입간 공극률과 입내 공극률로 나뉜다. 2차 공극률은 퇴적 후 용해, 돌로마이트화 작용(dolomitization), 균열 생성 등의 속성작용(續成作用, diagenesis)에 의하여 형성된다.

본질적으로 공극률의 유형은 다음과 같이 구별된다.

- 입간 공극률(粒間 孔隙率, intergranular porosity, interparticle porosity) : 퇴적 중 입자 사이에 형성된 공극 공간의 양
- 단열 공극률(斷裂 孔隙率, fracture porosity) : 퇴적물이나 암체 내 틈을 따라 발생한 공극률
- 미소 공극률(微小 孔隙率, micro porosity)
- 공동 공극률(空洞 孔隙率, vugular porosity) : 암석 내 입자의 선택적 제거(용해)에 의하여 형성된 공극률
- 입내 공극률(粒內 孔隙率, intragranular porosity) : 개별 입자 내에 생기는 공극 공간

균열과 입간 공극률을 모두 포함한 암석 매체를 흔히 이원 또는 균열 다공성 매체라고 한다.

역학적 변화에 대한 공극 민감성(pores susceptibility)의 관점으로부터 다공성 매체를 고결(固結, consolidated) 다공성 매체와 미고결(未固結, unconsolidated) 다공성 매체로 구분한다. 고결 매체는 암석을 의미하는데 입자들이 충분히 압축되어 고결물질에 의해 결합된다. 고결 다공성 매체의 중요 특징은 상재압력을 제거하면 최초 형상으로 복구되는 탄성력을 갖는다는 것이다.

공극률은 고려된 암석 체적에 의해 결정되는 통계적인 물성이다. 만약 선택한 암석 체적이 너무 작으면 계산된 공극률은 참 통계적 평균값으로부터 크게 벗어난다. 체적이 충분히 커야만 대표적이고 정확한 통계적 평균값을 얻을 수 있다(그림 2.1).

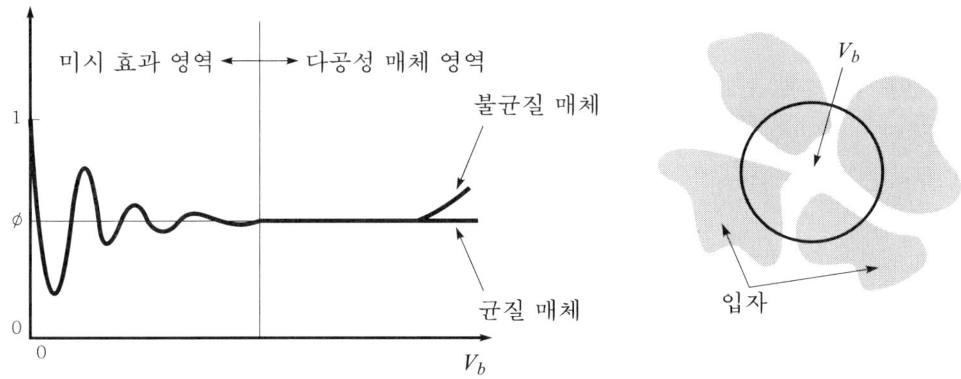

그림 2.1 공극률 측정에 대한 대표 요소체적의 정의

공극률은 많은 경우 **총공극률**(total porosity) 또는 **절대공극률**(absolute porosity)과 **유효공극률**(effective porosity)로 구분할 필요가 있다. 이 용어들은 아래와 같이 정의된다.

- 유효공극률(有效孔隙率, ϕ_E) : 암석 시료의 총체적에 대한 연결된 공극 체적(V_p)만의 비율

$$\phi_E \stackrel{\text{def}}{=} \frac{V_p}{V_b} \tag{2.2}$$

- 절대공극률(絶代孔隙率, ϕ_T) : 암석 시료의 총체적에 대한 전체 공극 체적(V_{pa})의 비율

$$\phi_T \overset{\text{def}}{=} \frac{V_{pa}}{V_b} \tag{2.3}$$

- 잔류공극률(殘留孔隙率, residual porosity, ϕ_R) : $\phi_R = \phi_T - \phi_E$

유효공극률은 암석 유형, 입자크기의 불균질성과 압축, 교결, 풍화작용, 침전, 점토의 유형, 함량과 수화(水化, hydration) 등 같은 몇 가지 요소에 의해 결정된다. 절대공극률과 유효공극률을 구분하는 것은 탄산염암(炭酸鹽岩, carbonate)과 같이 복잡한 공극 기하학적 형태를 가진 암석들에 있어 매우 중요한 문제일 수 있다. 이러한 암석들의 경우 광범위한 속성작용의 결과로 비연결 공극 공간이 형성된다. 탄산염암의 경우 오랜 기간에 걸쳐 염수의 이동과 미생물 활동으로 인하여 광범위한 용해와 침전이 발생한다.

때때로 유효공극률은 셰일(shale)을 대상으로 할 때 사용될 수 있다. 즉 공극 간 연결은 되어 있으나 공극 공간이 너무 작은 관계로 물은 '결합수(結合水, bound water)'로만 존재할 뿐인 경우이다. 이로 인해 총 공극률 중 일정 부분이 총 유동에 기여하지 못하게 된다. 결합수의 특성과 더불어 결합수가 공극률에는 영향을 미치지만 투과도(透過度, permeability)에는 왜 영향을 미치지 못하는지에 대하여 많은 의문점들이 존재한다.

유효공극률과 절대공극률을 측정하기 위한 여러 방법들이 있다. 이러한 측정 방법들 중 일부에 대하여 보다 자세하게 설명할 것이다. 그림 2.2는 공극률과 측정법 간의 관계를 모식적으로 그린 그림이다.

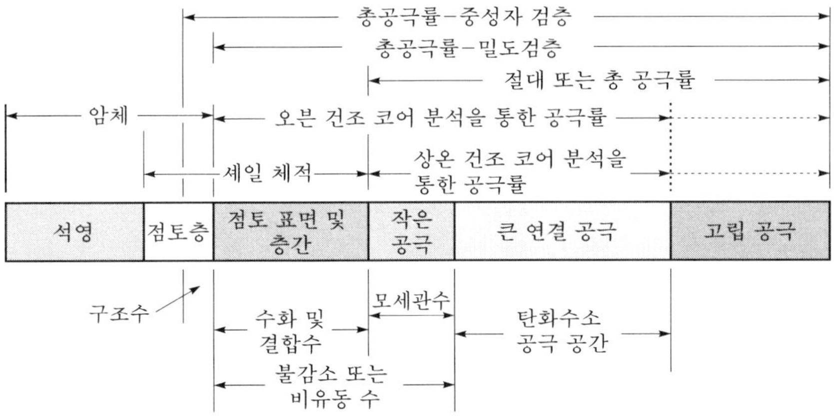

그림 2.2 측정법에 따른 공극률의 분류

2.2 다공성 매체의 모델

암석 내 투과성 공극 공간의 기하학적 특징은 실제로 너무 복잡하고 암석 유형마다 크게 변할 수 있다. 실제로 공극 시스템의 기하학적 형상을 완벽하게 측정하는 것은 불가능하다. 그러므로 몇 개의 이상적 모델이 다공성 암석 매체와 그들의 다양한 특성을 근사하기 위하여 개발되었다.

2.2.1 평행 원통 공극

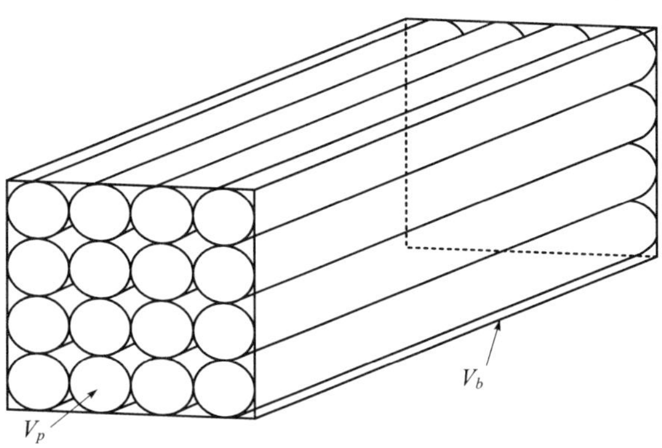

그림 2.3 평행 원통 공극(관) 시스템에 의해 표현된 이상적 다공성 매체

그림 2.3에서 보여지는 모델의 공극률을 추산하면 다음과 같다.

$$\phi = \frac{V_p}{V_b} = \frac{(\pi r^2)(nm)}{(2rn)(2rm)} = \frac{\pi}{4} = 0.785 \text{ 또는 } 78.5\% \tag{2.4}$$

여기에서 r은 관의 반경이고 mn은 총체적 내에 포함된 원통의 수이다. 암석은 이 같은 공극률을 가지지 않으며 이 모델은 비현실적으로 높은 공극률 값을 나타낸다. 이 모델은 간략화된 조건 하에서 유체 유동을 모델링할 때 사용할 수 있다.

2.2.2 동일 반경 구의 불규칙 충진

동일 반경을 가진 구가 충진된 모델로 다공성 매체를 나타낼 수 있다. 압축(壓縮, compaction)이 공극률에 미치는 영향을 검토하기 위하여 세 가지 유형의 충진을 설명할 것이다. 암석의 속성과정이 발생하는 심도에 따라 퇴적물의 압축과 공극률이 결정된다. 압축은 일반적으로 비가역적(非可逆的, irreversible)이다.

■ 입방 충진

그림 2.4에서 보여지는 입방 충진(立方 充塡, cubic packed) 구 모델의 공극률은 다음과 같이 계산할 수 있다.

$$V_b = (2r)^3, \quad V_s = \frac{1}{8}\left(\frac{4}{3}\pi r^3\right)\cdot 8 = \frac{4}{3}\pi r^3$$

따라서

$$\phi = \frac{V_b - V_s}{V_b} = \frac{8r^2 - \frac{4}{3}\pi r^3}{8r^3} = 1 - \frac{\pi}{6} = 0.476 \text{ 또는 } 47.6\% \tag{2.5}$$

여기에서 V_s는 입자 체적 또는 암석에 의해 점유된 총 공간의 체적이다.

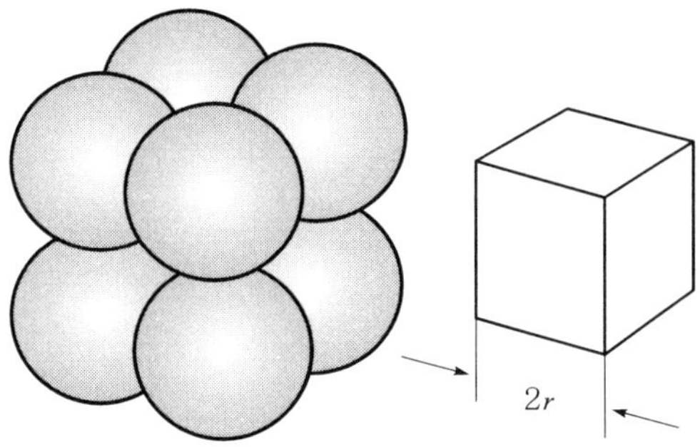

그림 2.4 입방 충진 구 시스템에 의해 표현된 이상적 다공성 매체

■ 사방 충진

그림 2.5에서 보여지는 사방(斜方, orthorhombic) 충진 구 모델의 공극률 계산은 다음과 같다.

$$V_b = (2r)(2r)h = 4r^2(2r\sin 60°) = 4\sqrt{3}r^3, \quad V_s = \frac{4}{3}\pi r^3$$

여기에서 h는 사방 충진 구의 높이를 말한다. 입자 체적은 불변이므로 공극률은

$$\phi = 1 - \frac{V_m}{V_b} = 1 - \frac{4\pi r^3}{12\sqrt{3}r^3} = 1 - \frac{\pi}{3\sqrt{3}} = 0.395 \text{ 또는 } 39.5\% \tag{2.6}$$

이 된다.

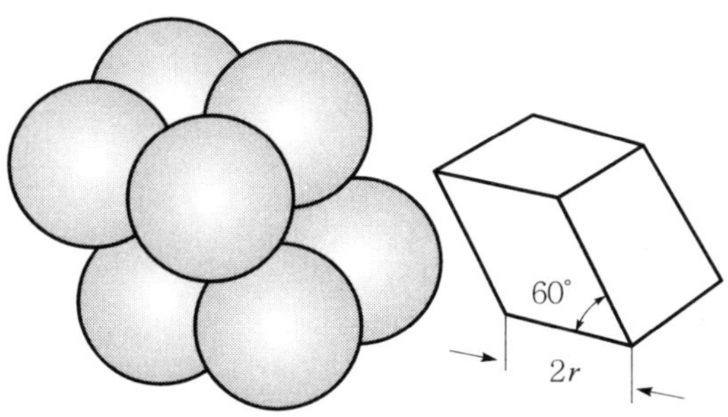

그림 2.5 사방 충진 구 시스템으로 표현된 이상적 다공성 매체

■ 능면 충진

그림 2.6에서 보여지는 능면(菱面, rhombohedral) 모형의 공극률 계산은 다음과 같다.

$$h=\sqrt{4r^2-2r^2}=\sqrt{2}r$$

여기에서 h는 사면체의 높이이며

$$V_b=(2r)(2r)\sqrt{2}r=4\sqrt{2}r^3\ ,\ V_s=\frac{4}{3}\pi r^3$$

이로부터

$$\phi=1-\frac{4\pi r^3}{12\sqrt{2}r^3}=1-\frac{\pi}{3\sqrt{2}}=1-0.74=0.26\ \text{또는}\ 26.0\% \tag{2.7}$$

를 얻을 수 있다.

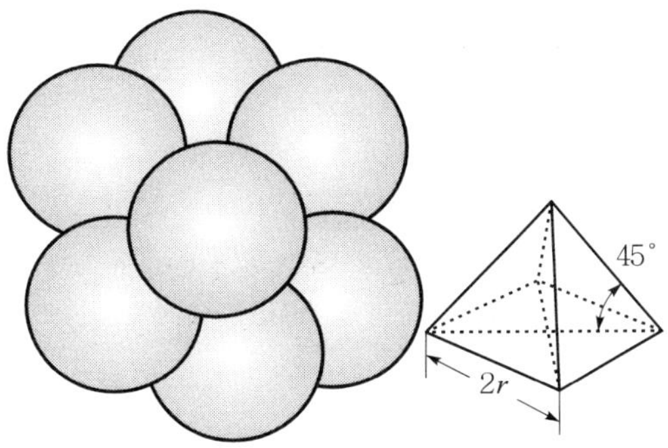

그림 2.6 능면 충진 구 시스템으로 표현된 이상적 다공성 매체

2.2.3 다른 반경을 갖는 구의 불규칙 충진

실제 저류암은 복잡한 구조를 가지며 입자 크기 및 충진에서 상당한 변동을 나타내므로 종종 다공성 매체의 불균질성과 연관되어 공극률 및 다른 주요 저류암 물성에 변동을 가져온다. 그림 2.7은 서로 다른 반경에 따라 정렬된 네 가지의 구체 모집단(I~IV)과 가상의 입자 크기 분포를 보여주는 히스토그램에 의해 표현된 이상적 다공성 매체의 예를 보여준다. 수평축에는 구의 반경을 수직 축에는 상응하는 발생 도수와 동일한 높이로 나타낸 그래프를 그림으로써 입자(구) 크기 분포의 히스토그램을 얻을 수 있다.

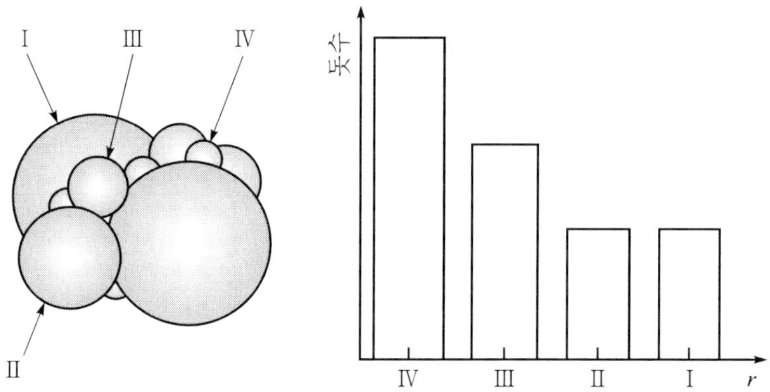

그림 2.7 서로 다른 반경을 갖는 불규칙적 구 시스템에 의해 표현된 이상적 다공성 매체

그림 2.7은 실제 다공성 암석이 입자 크기의 불규칙성으로 인해 불균질성을 띠고 있음을 보여준다. 일반적으로 다공성 매체의 경우 이상화된 모델은 간략하게 정량화되어 주요 특성 인자를 표현할 수 있도록 하는 것이다. 그림 2.8은 입자 크기의 분포를 분급(分級, sorting)으로 표현한 것이다.

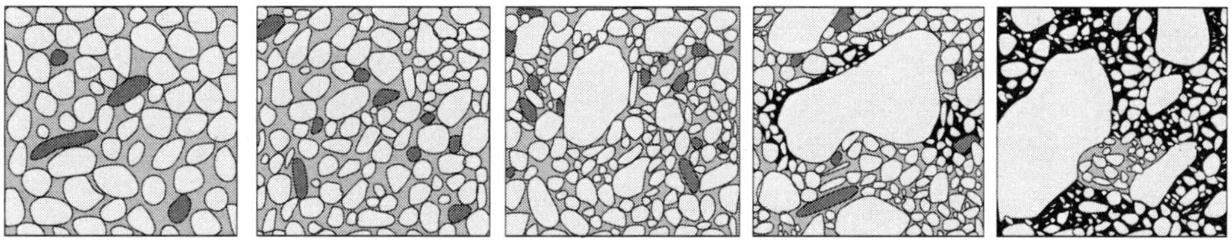

그림 2.8 사암 내 입자들의 분급

예제

세립 자갈$\left(\phi_{\text{pebble}}=0.30\right)$, 모래$\left(\phi_{\text{sand}}=0.38\right)$ 및 세립 모래$\left(\phi_{\text{f.sand}}=0.33\right)$ 등 3가지 유형의 퇴적물이 혼합된 다공성 매체가 있다. 세립 자갈의 공극 공간에는 모래가 채우고 모래의 공극 공간에는 세립 모래로 채우는 비율로 3가지 퇴적물이 혼합되어 있다. 세립 자갈의 체적은 겉보기체적과 동일하다(즉 $V_b=V_{\text{pebble}}$). 이 때 총 공극률은 얼마인가?

■ 풀이

세립 자갈 공극 공간을 모래가 모래의 공극 공간을 세립 모래가 채우고 있기 때문에 다음과 같이 표현할 수 있다.

모래의 체적 : $V_{\text{sand}}=\phi_{\text{pebble}}V_{\text{sand}}$
세립 모래의 체적 : $V_{\text{f.sand}}=\phi_{\text{sand}}V_{\text{sand}}$
미소 모래의 공극 체적 : $V_p=\phi_{\text{f.sand}}V_{\text{f.sand}}$

총 공극률은 다음과 같이 정의된다.

$$\phi=\frac{V_p}{V_b}=\frac{\phi_{\text{f.sand}}\phi_{\text{sand}}\phi_{\text{pebble}}V_{\text{pebble}}}{V_{\text{pebble}}}$$
$$=(0.3)(0.38)(0.33)=0.037$$

다공성 매체의 공극률은 약 4%이다. ■

2.3 공극률 분포

서로 다른 깊이와 유정에서의 저류암에 대한 복수의 공극률 측정치를 히스토그램으로 표시하면 공극률의 돗수 분포를 나타낼 수 있다. 그림 2.9와 같이 공극률의 분포는 왼쪽의 단봉(單峰, unimodal) 또는 오른쪽의 다봉(多峰, polymodal)으로 나타날 수 있다. 이러한 히스토그램은 개별 영역이나 단위에 대하여 별도로 만들어져 저류층 내에서 식별되며 통계 추정치(평균 공극률 값, 표준편차 등)의 근거를 제공한다.

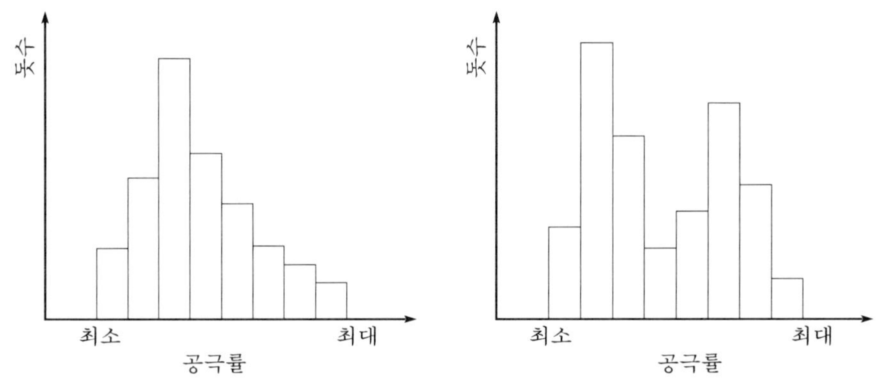

그림 2.9 단봉(unimodal)과 다봉(polymodal) 공극률 분포

현장 생산 추정뿐 아니라 코어 시료에 대한 실험실 시험과 관련된 다공성 매체 내 유체 유동의 수치 시뮬레이션을 위하여 암석 공극률과 저류층 내 변동에 대한 실제적 묘사가 필요하다. 공극률은 유정에서 국지적으로 측정되고 공극률 외삽(外揷, extrapolations)은 추정된 평균치에 큰 불확실성(uncertainty)을 도입하기 때문에 정확한 공극률 자료는 일반적으로 쉽게 획득할 수 없다.

그림 2.10과 같이 저류층 영역, 심도 또는 그래프 조정으로 공극률 데이터를 분류하면 공극률 변동의 공간적인 경향을 나타낼 수 있다. 이러한 경향을 파악하는 것은 수학적 시뮬레이션 모델(저류층 특성화 횡 상관화, 수치 모델링 등)에서 다공성 매체로서의 저류층의 전체 묘사와 저류층 공극률의 표현에 대하여 중요하다.

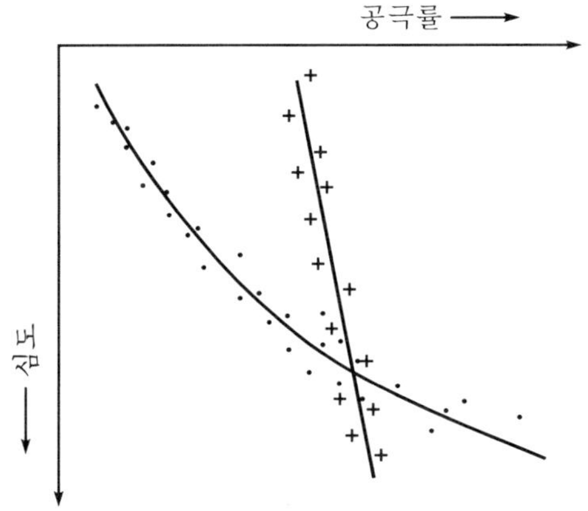

그림 2.10 두 가지 저류층(사암)에서 심도 단면에 대한 공극률 분포 경향의 예

역학적인 속성(압축) 과정과 화학적인 속성(교결) 작용은 퇴적암의 공극률에 큰 영향을 미친다. 이러한 매장(埋葬, burial) 효과를 그림 2.11에 모래와 점토 퇴적(deposits)의 두 가지 전형적인 예를 통해 나타내었다.

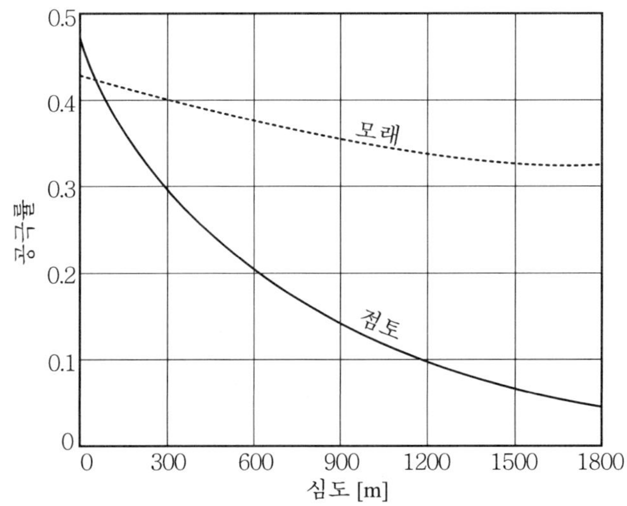

그림 2.11 퇴적물의 압축에 따른 공극률 변화

2.4 공극률 측정

공극률을 계산하기 위해서 V_b, V_s, V_p 중 두 가지만 측정하면 된다. 따라서 이 세가지 체적의 측정법을 설명하는 것이 곧 가장 체계적인 공극률 측정 방법이 된다.

2.4.1 총체적 측정

■ 온직경 코어 분석

표준 코어 플러그 분석은 명백한 불균질 암석, 예를 들면 탄산염암, 균열암, 공동성암(空洞性岩, vugular rocks)의 공극률을 측정하는데 적합하지 않으므로 온직경 코어(full diameter core) 분석을 사용한다. 코어 플러그는 이러한 유형의 암석 형태에 대하여 대표 요소체적이 아니다. 그러한 암석에서 공극률을 측정하려면 최대한 큰 시료(온 직경 시추 코어의 일부)가 필요하다. 불균질 암석의 국지적 공극률은 미세 공극률, 입자 간 공극률, 거대 공극, 균열, 또는 이것들의 다양한 조합을 포함할 수 있으므로 변동성이 매우 크다. 온직경 코어 시료는 통상 직경 5 inch (12.5 cm), 길이 10 inch (12.5 cm)이다.

온직경 코어 기법은 연관된 공극률의 실제 유형을 구별하지 않지만 유효 조합을 나타내는 단일 공극률 값을 산출한다. 몇몇의 실험실 기법들을 공극률 측정에 사용하며 그 절차는 일반적으로 온직경 코어와 코어 플러그 모두 유사하다.

■ 수은 펌프

수은 펌프(mercury pump)로 겉보기체적(bulk volume)을 측정할 수 있다. 수은은 모세관 작용 때문에 공극 공간으로 침투하지 않는다. 단, 코어에 큰 동공(vug)과 균열이 존재한다면 침투할 수도 있다. 챔버(chamber) 내 수은의 수두가 작기 때문에 5 cm 수은의 모세관 압력이 시료에 작용한다. 이는 반경 0.014 cm의 동공에 해당한다. 수은 펌프로 측정된 코어의 체적은 ±0.01 cm^3의 정확도를 가진다.

체적 측정 방법을 개선함으로써 보다 정확한 공극률을 구할 수 있다. 하지만 코어에 추가적인 실험이 필요할 경우에는 이 같은 겉보기체적 결정법이 적합하지 않다. 수은이 코어를 어느 정도 오염시키기 때문에 더 이상의 실험을 수행하는 것은 매우 위험하다. 명백한 위험성에도 불구하고 이러한 실험에서 수은이 광범위하게 사용되는 이유는 수은처럼 비습윤성이며 높은 표면장력을 가진 유체를 찾기 어렵기 때문이다.

2.4.2 고체 체적 측정

■ 비중병의 사용

비중병(比重瓶, picnometer, density bottle)은 고체 체적과 밀도를 얻는 가장 간단한 방법이다. 다음과 같은 측정과 계산이 필요하다.

W_0 = 빈 비중병의 중량

W_1 = 밀도가 ρ 인 유체가 가득 담긴 비중병의 중량

V = 비중병의 체적

$$W_1 - W_0 = V\rho$$

W_2 = 비중병+고체+유체의 중량

W_3 = 비중병+고체(건조)의 중량

V_s = 입자 체적

$$W_2 = W_3 + (V - V_s)\rho$$

$$V - V_s = \frac{(W_2 - W_3)}{\rho}$$

$$V_s = V - \frac{(W_2 - W_3)}{\rho} = \frac{W_1 - W_0 - W_2 + W_3}{\rho} \tag{2.8}$$

■ 침수법

침수법(浸水法, immersion method)은 Archimedes의 원리를 이용한 것이다. 유체 속에 잠긴 고체의 중량 감소는 대체된 유체의 중량과 같다. 이는 일반적으로 체적 측정보다 더 정확한 중량 측정을 통해서 입자 체적을 측정하는 방법이다. 계산은 다음과 같이 수행한다.

W_1 = 고체의 건조 중량

W_2 = 유체에 잠긴 고체 중량

$W_2 - W_1 = \rho V_s$ (Archimedes의 원리)

$$V_s = \frac{W_2 - W_1}{\rho} \tag{2.9}$$

측정된 고체 체적의 오차는 다음과 같이 중량 측정의 오차와 관련되어 있다.

$$\Delta V_s = \frac{2\Delta W}{\rho} \tag{2.10}$$

ρ 는 고체가 잠긴 유체의 밀도이므로 ρ 가 커지면 오차는 작아진다. 따라서 일반적으로 사염화탄소(carbon tetrachloride, $\rho_{20°C} = 1.6$), 삼염화에탄(trichloroethane, CH_3-CCl_3, $\rho_{20°C} = 1.32$)과 같은 고밀도 유체가 측정에 사용된다.

■ Boyle의 법칙에 근거한 입자 체적 측정

지금까지 가장 보편적으로 사용되는 고체 체적 측정법은 Boyle의 법칙을 이용하는 것이다. 이 방법은 실험실에서 실험을 수행하기가 쉬우며 앞으로 우리가 다룰 작은 공극률을 가진 시료에서도 상당히 정확한 결과를 제공해 준다. 그림 2.12에서 가스 전달은 건조된 코어 시료의 공극 내 가스 주입 및 감압과 연관되어 있다. 사용된 실험 기구나 절차에 따라 공극 체적 또는 입자 체적 중 하나를 결정한다. 실험실 측정을 수행할 때 다음과 같은 특성 때문에 헬륨 가스를 주로 사용한다.

- 헬륨 분자의 크기가 아주 작기 때문에 가스가 급속히 작은 공극으로 침투한다.
- 헬륨은 암석 표면에 흡착되지 않기 때문에 잘못된 결과를 산출하지 않는 불활성 기체이다.

질소나 이산화탄소 같은 다른 가스들도 헬륨의 좋은 대안이 될 수 있다. 이산화탄소의 이점은 코어 시료의 탈수 효과를 증가시키는 친수성 능력이며 질소는 가용성 때문에 사용된다.

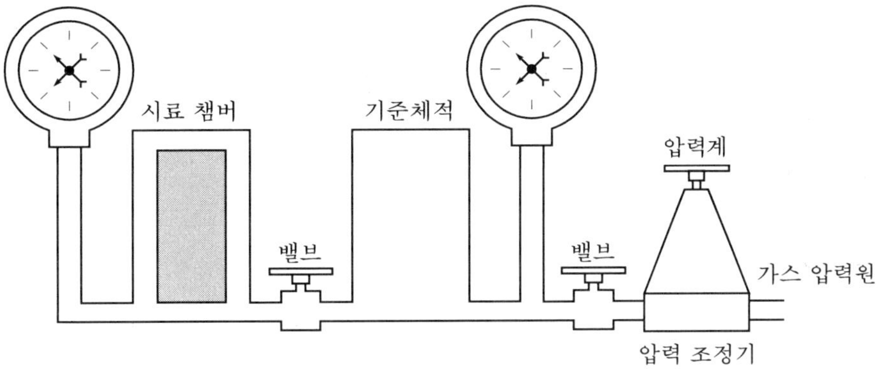

그림 2.12 Boyle의 법칙을 기초로 한 공극률 측정

구하고자 하는 공극 체적을 포함한 코어가 담긴 알고 있는 체적의 빈 코어 홀더로부터 체적을 알고 있는 챔버로 기체가 팽창한다. 초기 압력과 최종 압력을 기록하고 기체의 등온 팽창이라고 가정하면 미지의 공극 체적(또는 고체 체적)을 얻기 위해 Boyle의 법칙을 적용할 수 있다. 코어는 고결되었거나 파분쇄된 시료일 수 있다. 이에 따라 측정된 공극 체적은 유효 공극 또는 총 공극의 체적이 된다. 고체 체적은 다음과 같이 구할 수 있다.

V = 빈 코어 홀더의 체적

V_s = 코어 입자체적

$V-V_s$ = 기체 체적

ΔV = 팽창 챔버의 체적

Boyle의 법칙을 적용하면

$$(V-V_s)p_1 = (V-V_s+\Delta V)p_2$$

$$p_1V - p_2V - p_2\Delta V = p_1V_s - p_2V_s$$

$$V_s = V - \frac{p_2}{p_1-p_2}\Delta V \qquad (2.11)$$

여기에서 p_1는 기준 셀의 초기 압력이고 p_2는 시스템의 최종 압력이다. 연속적으로 측정하면 다공성 코어 시료의 탈수 효과 때문에 정확도를 증가시킬 것이다.

2.4.3 공극 체적 측정

■ 유체합산법

유체합산법(流體合算法, fluid-summation method)은 총체적을 알고 있는 자연 상태 또는 보존 코어 시료의 공극 공간 내에 존재하는 가스, 오일, 물의 체적을 측정하는 것이다. 만약 코어 시료가 일정시간 동안 공기에 노출되었다면 오일과 물의 일부가 증발할 수 있으므로 포화율이 정확하지 않게 측정될 수 있다.

추출된 오일, 가스, 물의 체적을 더하여 공극 체적과 코어 시료의 공극률을 구한다. 코어 시료는 두 부분으로 나뉜다. 한 부분은 분쇄하여 유체-추출 증류기에 넣는다. 상부의 금속 홀더(holder) 장치에는 가스의 증발을 억제하는 마개가 있다. 처음 공극에 함유된 물과 오일은 증발 후 하부로 이동하고 보정된 유리제품에 응축되고 수집되어 체적을 측정한다.

원통형 암석 시료의 두 번째 부분은 중량을 측정한 후 수은으로 채워진 펌프실(chamber)에 넣고 대체된 수은의 체적을 측정하여 총체적을 결정한다. 이후 수은의 압력 p_{Hg}를 70 bar(1,000 psi)까지 증가시킨다. 이 압력에서 수은은 시료로 진입하여 원래 가스에 의해 점유된 공극 공간을 채움으로써 가스를 압축한다. 적절한 계산을 통해 암석 내 침수된 수은의 체적으로부터 가스 체적 V_g을 얻을 수 있다.

자연 시료의 중량과 총체적으로부터 암석의 유효 총 밀도를 계산할 수 있다. 이 값은 100 g인 시료의 처음 부분의 중량을 등가의 총체적으로 변환되는데 사용된다.

오일, 물, 가스의 체적은 각각 암석 시료의 총체적에 대한 분율로 계산되고 그 세가지 값을 더하면 공극률이 된다.

실험으로부터 다음의 정보를 얻을 수 있다.

- 첫 번째 부시료(副試料, subsample)로부터 암석의 중량 W_{s1}을 얻고 오일 체적 V_{o1}과 물 체적 V_{w1}을 기록한다.
- 두 번째 부시료는 가스 체적 V_{g1}과 암석의 총체적 V_{b2}을 얻는다.

두 번째 부시료로부터 가스로 채워진 총체적의 비(즉 가스 총체적의 비)를 계산 할 수 있다.

$$f_g = \frac{V_{g2}}{V_{b2}} = \phi\, S_g \tag{2.12}$$

여기에서 f_g, S_g, ϕ 에서 하첨자 2가 생략되었다. 왜냐하면 이 값은 모든 시료의 대표 값이기 때문이다.

포화된 유체 암석 시료의 겉보기 총 밀도를 ρ_{app} 라고 하면

$$W_{s1} = V_{b1}\rho_{app} \quad \text{그리고} \quad W_{s2} = V_b\rho_{app} \quad \rightarrow \quad V_{b1} = V_{b2}\frac{W_{s1}}{W_{s2}}$$

오일과 물의 체적 계수는 다음과 같이 계산된다.

$$f_o = \frac{V_{o1}}{V_{b1}} = \phi\, S_o \tag{2.13}$$

$$f_w = \frac{V_{w1}}{V_{b1}} = \phi\, S_w \tag{2.14}$$

그리고 유체 체적 계수의 합은 공극률이 된다.

$$f_o + f_w + f_g = \phi\left(S_o + S_w + S_g\right) = \phi \tag{2.15}$$

연습문제

01 무결 건조한 중량 425 g의 코어 샘플이 비중 1.07의 염수로 100% 포화되어 있다. 이때 새롭게 측정한 코어의 중량은 453 g이며, 길이는 12 cm 직경은 4 cm이다. 이 암석 시료의 공극률을 계산하시오

02 다음 주어진 자료를 이용하여 파라핀으로 코팅되어 보존되어 있는 물에 담긴 코어 시료의 체적을 계산하라.

- 공기 중 건조 시료의 중량 : 20 g
- 파라핀으로 코팅된 건조 시료의 중량 : 20.9 g (파라핀의 밀도 : 0.9 g/cc)
- 물에 담긴 코팅 시료의 중량 : 10 g (물의 밀도 : 1 g/cc)

사암 입자의 밀도는 2.67 g/cc로 가정하여 암석 공극률을 결정하라.

03 주어진 자료를 이용하여 코어 시료의 공극률과 암종을 결정하시오.

- 코어 시료의 건조 중량 : 259.2 g
- 100% 물로 포화된 코어 시료의 중량 : 297 g
- (물의 밀도는 1.0 g/cm^3)
- 물속에서 코어 시료의 중량 : 161.4 g

절대공극률과 유효공극률을 정의하고 코어 시료의 특성을 정의할 때 어떤 용어를 사용해야 하는지 결정하시오.

04 다음 주어진 자료를 이용하여 수은 비중병에 담긴 건조 코어 시료의 체적을 계산하라.

- 공기 중 건조 시료의 중량 : 20 g
- 20°C에서의 수은으로 채워진 비중병의 중량 : 350 g
- 20°C에서의 시료가 든 수은으로 채워진 비중병의 중량 : 350 g
- 수은의 밀도 : 13.546 g/cc

05 유리원통에 백운석 입자가 2,500 cm^3까지 채워져 있다. 백운석의 질량은 4,714 g이다. 공극률을 계산하고 특성을 설명하시오.

06 방해석의 완전한 백운석화 작용에 의해 발생하는 탄산염암 공극률의 변화를 수학적으로 예측하고 화학 반응에 대해 설명하시오.

$$2CaCO_3 + Mg^{2+} = CaMg(CO_3)2 + Ca^{2+}$$

07 코어 분석으로 주어진 사암 코어 시료의 공극률을 계산하시오.

- 건조 코어의 겉보기 체적 : 8.1 cm^3
- 건조 시료의 중량 : 17.3 g
- 모래 입자 밀도 : 2.67 g/cm^3

08 다음 주어진 자료를 이용하여 사암의 입자 밀도와 공극률을 계산하라.

- 공기 중의 파쇄된 건조 시료의 중량 : 16 g
- 파쇄된 시료와 흡수된 물의 중량 : 16.1 g
- 물로 채워진 비중병의 중량 : 65 g
- 시료가 든 물로 채워진 비중병의 중량 : 75 g

09 다음 주어진 자료를 이용하여 사암의 입자 밀도와 공극률을 계산하라. (Boyle의 법칙 이용)

- 코어 시료가 들어있는 챔버의 체적 : 15 cc
- 공기가 들어있는 챔버의 체적 : 7 cc
- 코어 시료의 겉보기체적 : 10 cc

10 다음 주어진 자료를 이용하여 사암 시료의 유효공극률을 계산하라.

- 공기 중 건조 시료의 중량 : 20 g
- 공기 중 포화된 시료의 중량 : 22.5 g

- 물의 밀도 : 1.0 g/cc
- 물에서 포화 시료의 중량 : 12.6 g

11 코어 시료가 오일 (ρ_o = 35°API), 가스, 물로 포화되어 있다. 시료의 초기 중량은 224.14 g이다. 가스가 물 (ρ_w = 1 g/cm^3)로 대체되어 중량은 225.90 g으로 늘어났다. 시료는 속슬렛 증류장치에 넣고 4.4 cm^{3}의 물을 추출하였다. 코어 시료를 건조시킨 후 중량은 209.75 g이 되었다. 시료의 겉보기체적은 수은 비중병에서 95 cm^{3}으로 측정되었다. 공극률, 물 포화율, 오일 포화율, 가스 포화율, 코어 시료의 암종을 구하라.
(물의 밀도가 1 g/cm^{3}일 때 오일의 밀도는 ρ [g/cm^3] = 141.4/(131.5 + ρ [°API])임을 인지하라.)

12 실험실에서 코어 시료의 조성 분석을 위해 80 g의 시료를 수은 비중병에 위치시켰으며 가스량은 0.53 cm^{3}으로 나타났다. 동일 시료의 일부분 120 g을 증류기에 위치시켜 물과 오일 체적은 각각 2.8 cm^{3}와 4.4 cm^{3}으로 나타났다. 90 g의 세 번째 시료를 비중병에 위치시켜 겉보기체적은 37.4 cm^{3}으로 나타났다. 오일과 물의 밀도는 위 연습문제의 값을 가정하고 동일 인자들을 구하라.

13 다음과 같이 묘사된 시료의 공극률을 계산하라.

- 건조 시료의 질량 : 104.2 g
- 물로 포화된 시료의 질량 : 120.2 g
- 물의 밀도 : 1.001 g/cm^3
- 물에 담긴 포화 시료의 질량 : 64.7 g

이것은 시료의 총 공극률인가 또는 유효공극률인가? 암체는 어떤 암종이 가장 적절할지 설명하라.

14 길이 2.54 cm, 직경 2.54 cm인 코어의 공극률이 22%이다. 코어는 오일과 물로 포화되어 있으며 오일 함량은 1.5 cm^3이다.

- 코어의 공극 체적은 얼마인가?
- 코어의 오일 포화율, 물 포화율은 얼마인가?

15 저류층 두께가 2.5 m이며 위 연습문제에 묘사된 코어가 저류층을 대표한다면 40.47 hectare 면적의 오일 원시매장량(m^3, bbl)은 얼마인가?

제3장

투과도

3.1 서론

저류암에서 **투과도**(透過度, permeability)는 연결된 공극 시스템, 즉 간극 연결(communication of interstices)을 통한 유체 수송 능력과 관련되어 있다. 유체 유동에 대한 저항은 유동방향에 따라 변하기 때문에 투과도는 텐서(tensor)이다. 그러나 실질적으로 비록 등방성 다공성 매체에서만 성립할지라도 투과도는 종종 스칼라(scalar)로 고려한다.

서로 연결된 공극이 없다면 암석은 불투과성이다. 즉 유효공극률과 투과도 사이에 어떤 상관관계가 존재한다고 가정하는 것이 일반적이다. 공극률에 영향을 미치는 모든 인자는 투과도에 영향을 미치고 저류층에서 암석의 투과도를 측정하기 어렵기 때문에 투과도와 공극률은 유정 사이의 저류층 투과도를 외삽할 때 종종 사용된다.

절대투과도(絶代透過度, absolute permeability)는 다공성 암석 시료를 완전히 채우고 암석 물질과의 화학 반응가능성을 최소로 제한하는 비활성기체(질소가 일반적으로 사용됨)를 사용하여 실험실에서 결정한다. 가스 분자는 가장 작은 공극 협로(孔隙 峽路, pore throats)까지 침투할 수 있기 때문에 모든 공극 경로(pore channels)는 투과도 측정 시 평균화 과정(averaging process)에 포함된다.

유체의 다상 또는 혼합물이 동시에 국지적으로 암석을 통과할 때 각각의 유체 상은 다른 상의 자유 유동을 방해하여 감소된 상 투과도(절대투과도에 비례하여) 즉 **유효투과도**(有效透過度, effective permeability)를 측정할 수 있다.

3.2 Darcy 법칙

다공성 매체를 통과하는 유체 유동에 대한 최초의 실험은 1854년 물-여과(water-filters)를 사용한 Dupuit에 의해 보고되었다. 그의 결과는 여과재 양단의 압력강하는 물의 여과 속도에 비례함을 보여주었다. 1856년 Henry Darcy는 모래를 통과하는 물의 유동이 다음과 같은 관계를 따름을 증명하였다.

$$q = KA\frac{h}{\Delta l} \tag{3.1}$$

여기에서, h 는 마노미터(manometer) 수위차, 즉 정수위차
A 는 여과기의 횡 단면적
Δl 은 유체 유동방향에서 여과재의 두께
K 는 비례상수

Darcy의 실험 결과는 식 3.1과 같으며 물 여과기에 대해서만 실험을 했기 때문에 점도 μ 와 밀도는 고려되지 않았다. 따라서 유체의 밀도와 점도의 효과는 실질적 중요성을 갖지 않는다.

Darcy 이후 반복된 실험에서 그림 3.1에서 보여지는 것과 같이 만약 마노미터 수위차 h 가 일정하면 모래 여과기의 위치에 상관없이 동일한 유체 유동율(또는 유동 속도)이 측정된다는 것이 증명되었다.

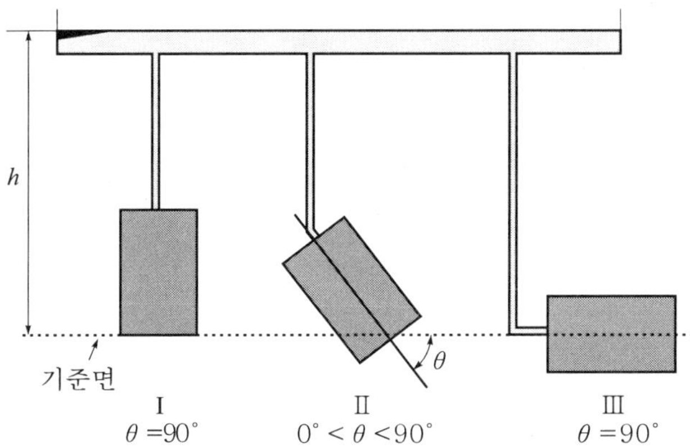

그림 3.1 중력 방향을 고려한 모래 여과기의 방향

그림 3.1에서 모래 여과기에 걸친 압력 차는 다음의 3가지 유형으로 주어진다.

$$\mathrm{I}: \Delta p_{\mathrm{I}} = \rho g \left(h - \Delta l\right)$$

$$\mathrm{II}: \Delta p_{\mathrm{II}} = \rho g \left(h - \Delta l \sin\theta\right)$$

$$\mathrm{III}: \Delta p_{\mathrm{III}} = \rho g h$$

여기에서 Δl 은 유동 방향으로 모래 여과기의 길이 또는 두께이다.

물의 속도는 Darcy의 법칙에서 알 수 있는 것처럼 마노미터 수위차에 비례하기 때문에 유동 속도는 다음과 같이 비례 관계로 나타낼 수 있다.

$$v \propto (\Delta p + \rho g \Delta z) \tag{3.2}$$

여기에서 Δz 는 수평 유동에 대하여 경사 유동방향을 고려한 중력장에서의 높이이다.

만약 모래 여과기가 더욱 길다면 유동 속도의 감소하고 만약 물을 고점성 유체로 대체하면 유사하게 유동 속도의 감소가 예상된다.

$$v \propto \frac{1}{\mu}\frac{\Delta p + \rho g \Delta z}{\Delta l} \tag{3.3}$$

위 식을 비례상수 k 를 사용하여 다음과 같이 나타낼 수 있다.

$$v = \frac{k}{\mu}\frac{\Delta p + \rho g \Delta z}{\Delta l} \tag{3.4}$$

여기에서 k 는 투과도이다.

유동로(flow path)를 따라 임의의 점에서 압력은 기준높이 또는 기준면 z_0 와 관련이 있으며 $\Delta z = z - z_o$ 이다. 예를 들어 $z_o = 0$ 인 지점에서 기준압력은 1 atm이다. 만약 압력 p 가 정압력 $-\rho gh$ 와 같지 않으면 A점에서 압력 차 $(p + \rho gz) = (p + \rho gz)_2 - (p + \rho gz)_1$ 는 두 지점 사이에 유체 유동을 일으킬 것이다. 이 경우 유동은 기대할 수 없고 정적 평형이 확립되는데 이는 심도에 따라 압력이 증가하는 임의의 저류층에서 관찰할 수 있다. 따라서 다공성 암석 내 유체 유동은 압력 차와 중력장에서 높이 차의 합인 압력 포텐셜로 주어진다. 압력 포텐셜은 에너지 포텐셜(단위 질량당 에너지)과 관련되고 다음과 같이 정의된다.

$$\Phi \overset{\text{def}}{=} \frac{p}{\rho} + gz \tag{3.5}$$

식 3.4에 압력 포텐셜 차 $\Delta\Phi$ 을 도입함으로써 Darcy의 결론을 근거로 한 등식을 다시 쓸 수 있다.

$$q = A\frac{k}{\mu}\rho\frac{\Delta\Phi}{\Delta l} \tag{3.6}$$

여기에서 k 는 다공성 매체(여과기, 코어 시료/플러그 등)의 투과도, μ 는 유체의 점도, l 은 유동 방향에서 다공성 매체의 길이, Φ 는 압력 포텐셜이다. 유동율 $q = \frac{dV}{dt}$ 은 시간당 체적이다. Darcy 법칙은 다음과 같이 미분형태로 쓸 수 있다.

$$q = A\frac{k}{\mu}\rho\frac{d\Phi}{dl} = \lim_{\Delta l \to 0}\left(A\frac{k}{\mu}\rho\frac{\Delta\Phi}{\Delta l}\right) \tag{3.7}$$

비압축성 유체의 선형/수평유동(x 축과 평행)에서는 높이가 일정하므로 (즉 $dz/dx = 0$) Darcy 법칙을 쓰면 다음과 같이 나타낼 수 있다.

$$q = -A\frac{k}{\mu}\frac{dp}{dx} \tag{3.8}$$

여기에서 압력 구배 항 앞의 음의 부호는 유체는 높은 포텐셜에서 낮은 포텐셜로 이동하기 때문에 유동방향으로의 음 압력 구배를 보정한다. 속도와 유동율은 아래에 보이는 예와 같이 양의 인자로 정의된다.

식 3.7, 3.8에 도입된 투과도 k 는 물리적 인자가 아닌 비례상수이다. 투과도는 앞에서 정의된 것처럼 다공성 매체에 대한 특정 정보를 나타내지 않는다. 실제 상황의 경우 종종 투과도가 다공성 매체의 수송능력과 연관될 때 식 3.8에서 다공성 매체에 대한 정보가 빠져있다는 사실은 종종 못보고 지나칠 수 있다. 투과도라고 불리는 비례상수 k 는 다공성 매체의 수송 능력뿐만 아니라 다공성 매체에 관한 모든 정보의 표시로서 식 3.8의 다른 인자로는 기술되지 않는다.

예제

코어 내 선형 수평을 고려할 때 유동 방정식 3.8에서 "–"부호가 정당한지 보이시오.

풀이

그림 3.2에서 코어 시료를 통한 유체 유동율 q가 일정하다고 가정해 보자. 표준 표기법에 따라 압력 p_1, p_2와 위치 x_1, x_2가 표시되어 있다.

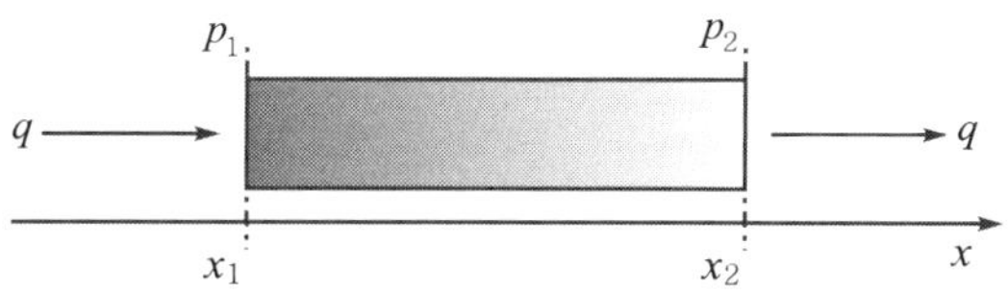

그림 3.2 코어에서의 수평 유동

균질 다공성 매체로 가정하고, 1지점에서 2지점까지 적분하면 압력 항은 다음과 같이 쓸 수 있다.

$$\frac{dp}{dx} = \frac{p_2 - p_1}{x_2 - x_1} = -\frac{p_1 - p_2}{x_2 - x_1}$$

양의 유동방향에서 $p_1 > p_2$ 이다. x_2는 x_1보다 크기 때문에 dp/dx의 값은 음수를 나타내며 방정식을 맞추기 위해 "–"가 필요하다. ■

횡 단면적 A와 관련된 유체 속도를 겉보기속도(superficial velocity) 또는 총속도(bulk velocity)라 하며 선형 유동속도는 다음과 같이 쓰여진다.

$$u = \frac{q}{A} = -\frac{k}{\mu}\frac{dp}{dx} \tag{3.9}$$

공극에서 유체 유동의 실제 속도는 간극(間隙, interstitial)(또는 공극, 진) 속도 v_{pore}라 부르며 항상 총속도보다 크다. 이는 유동 단면적은 총단면적 A 보다 평균적으로 ϕ 배 작기 때문이다. 공극 유동의 방향은 전체 유동 방향에 대하여 기울어져 있고 이러한 효과를 나타내기 위해 특정 경사각 α 를 사용한다. 그림 3.3에서 설명한 것과 같이 이러한 효과는 공극 속도를 보다 크게 증가시킬 것이다. 만약 추가적으로 다공성 매체가 원생수 포화율(原生水 飽和率, connate water saturation) S_{wc} 와 같이 비유동상의 잔류 포화율을 포함할 경우 공극 유동 속도는 유동 단면적 감소의 영향을 받게 된다. 앞에서 살펴본 효과의 합으로 공극 유동 속도는 총속도보다 상당히 빠르게 된다.

$$v_{\text{pore}} = \frac{q}{A}\frac{1}{\phi}\frac{1}{1-S_{wc}}\frac{1}{\cos^2\alpha} \tag{3.10}$$

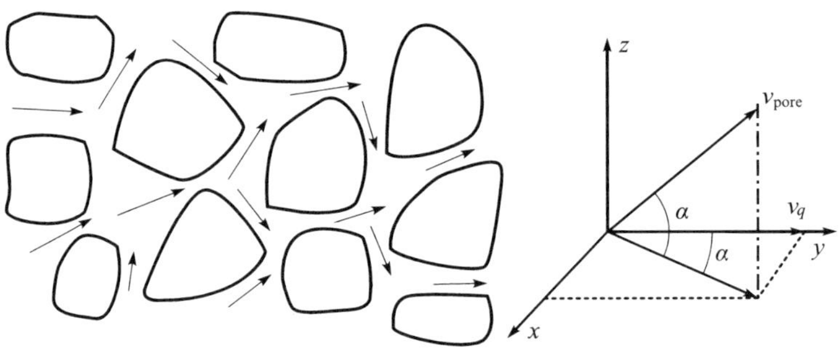

그림 3.3 다공성 매체에서 공극 유동속도

서로 다른 크기의 다공암에 대한 실험실 시험으로부터 평균 경사각은 $\bar{\alpha} \approx 36°$이고 12°에서 45° 사이에서 다양한 값을 가질 수 있음을 알 수 있다. 만약 전형적인 25%의 공극률 및 10%의 원생수 포화율을 가정하면 공극 속도는 총속도보다 약 7 배정도 빠를 것이다.

3.2.1 투과도의 단위

Darcy 법칙에 차원분석을 적용하면 투과도는 면적의 차원인 L^2 을 가지고 SI 단위체계로는 cm^2 또는 m^2를 사용한다. 이 단위로 다공성 매체의 투과도를 측정하는 것은 불편하기 때문에 일반적으로 투과도에 대한 단위는 darcy를 사용한다. 다음은 일반적인 darcy의 정의이다.

1 atm/cm 압력 구배 하에서 점도 1 cp인 유체가 단면적 1 cm^2을 가지는 다공성 매체를 통하여 1 cm^3/s로 유동할 때 투과도를 1 darcy라 한다.

darcy 단위를 식 3.8에 적용하면 다음 식을 얻을 수 있다.

$$1\frac{\text{cm}^3}{\text{s}} = -1\ \text{cm}^2\,\frac{1\ \text{darcy}}{1\ \text{cp}}\left(-\frac{1\ \text{atm}}{1\ \text{cm}}\right)$$

여기에서 darcy는 주로 실험실에서 사용한다.

석유 공학 현장에서 다음과 같은 2가지의 단위계를 사용한다.

- 현장 단위
- SI 단위(국제 표준 단위계)

1 darcy의 값은 다음과 같이 SI계 단위로 바꿀 수 있다.

$$q = 10^{-6}\,\frac{\text{m}^3}{\text{s}}$$

$$\mu = 1\ \text{cp} = 10^{-3}\,\frac{\text{kg}}{\text{m}\cdot\text{s}}$$

$$\frac{dp}{dl} = 1\frac{\text{atm}}{\text{cm}} = 1.01\times10^{5}\,\frac{\text{Pa}}{\text{cm}} = 1.01\times10^{7}\,\frac{\text{kg}}{\text{m}^2\cdot\text{s}^2} \quad \text{그리고}$$

$$A = 10^{-4}\text{m}^2$$

$$k = \frac{q\mu}{A\dfrac{dp}{dl}} = 0.987\times10^{-12}\text{m}^2 = 0.987\ \mu\text{m}^2$$

여기에서 $\mu\text{m}^2 = (\mu\text{m})^2$ 이다.

이 값으로부터 다음을 얻을 수 있다.

$$1 \text{ darcy} = 0.987\ \mu\text{m}^2$$

일반 암석의 경우 투과도가 매우 낮기 때문에 석유공학 분야에서는 주로 millidarcy(md)를 사용한다.

투과도는 서로 다른 방향에서 다른 값을 가지는 텐서(tensor)이다. 수직 투과도(즉 지층에 수직)는 보통 지층을 따라 측정된 수평 투과도보다 훨씬 작은 값이다. 수평 투과도는 방향에 따라 달라질 수 있다. 투과도를 측정하는 동안 이 같은 투과도의 특징을 고려해야 한다.

3.2.2 Darcy 법칙의 적분형

■ 수평 선형 비압축 유동 (1차원)

1차원 유동에 대한 Darcy 법칙의 일반형은

$$u = -\frac{k}{\mu}\frac{d\Phi}{ds} \tag{3.11}$$

이다. 수평 유동의 경우 $\frac{dz}{ds} = 0$, $s = x$ (수평 축)이므로

$$u = -\frac{k}{\mu}\frac{dp}{dx} = \frac{q}{A} \tag{3.12}$$

이 된다. 이 식을 다음 조건으로 적분하면

p_1 : $x = 0$ 에서의 압력
p_2 : $x = L$ 에서의 압력

$$q = \frac{kA}{\mu}\frac{(p_1 - p_2)}{L} \tag{3.13}$$

가 되는데 Darcy 법칙의 가장 간단한 형태이다.

■ 비수평 선형 비압축 유동 (1차원)

수평 유동 방향으로부터 각 θ만큼 유동 방향이 기울어져 있을 때 유체는 중력장에서 위 또는 아래로 이동하기 때문에 중력을 고려해야 한다.

길이 Δl의 다공성 매체에 대하여 일정 유동율 q를 유지하기 위해 압력차 Δp를 가한다(그림 3.4).

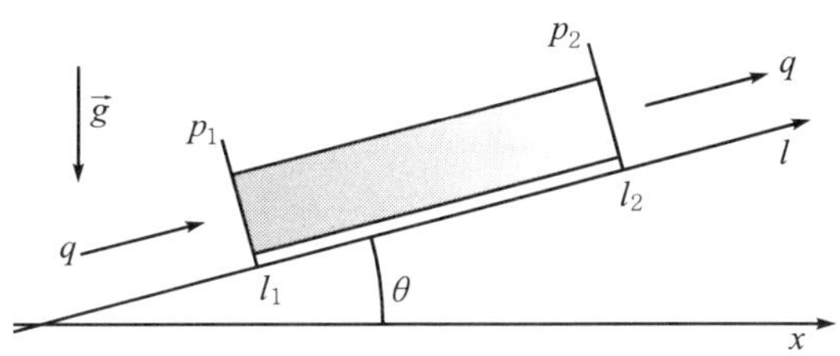

그림 3.4 수평축으로부터 경사각 θ일 때 코어 내 유동

수평 방향으로부터 θ만큼 경사진 곳에서의 유동은 식 3.3과 같으며 여기에서 음의 부호는 선형유동을 묘사한다.

$$q = -A\frac{k}{\mu}\frac{d(p + \rho gz)}{dl} \tag{3.15}$$

z는 중력장에서의 높이이고 그림 3.4로부터 $z = l\sin\theta$이며 여기에서 l은 유동 방향이다. 유동 방정식은 다음과 같다.

$$q = -A\frac{k}{\mu}\frac{dp}{dl} - A\frac{k}{\mu}\rho g\sin\theta \tag{3.16}$$

위 식을 1지점에서 2지점까지 적분하면 다음과 같다.

$$\left(q + A\frac{k}{\mu}\rho g \sin\theta\right)\Delta l = A\frac{k}{\mu}\Delta p \tag{3.17}$$

이 때 압력 차는 다음과 같이 주어진다.

$$\Delta p = \frac{\mu \Delta l}{Ak} q + \rho g \Delta l \sin\theta \tag{3.18}$$

여기에서 수평 선형유동은 $\Delta p_{\theta=0^\circ} = q(\mu\Delta l)/(Ak)$ 이다.

코어 시료를 통과하는 일정 유동율 q 를 유지하기 위해 경사각에 대한 압력차를 조절해야 한다. 그림 3.4에서와 같이 상경사(上傾斜, updip) 상황에서 압력 차는 수평에 비하여 더욱 커지게 된다. 이는 유체가 중력장에서 위로 향하기 때문이다.

$$0 \le \theta \le 90^\circ \;\rightarrow\; \Delta p \ge \Delta p_o \tag{3.19}$$

$$-90^\circ \le \theta \le 0 \;\rightarrow\; \Delta p < \Delta p_o \tag{3.20}$$

예제

서로 1,000 ft 떨어진 유정 A와 B가 각각 2,450 ft와 2,800 ft 심도로 시추되어 있다. 유정 A의 공저 압력은 980 psia, B의 공저 압력은 1,060 psia로 측정되었다. 1차원 유동이라고 가정할 때, 오일의 유동 방향과 유동율은 어떻게 되겠는가? 주어진 값은 다음과 같다.

ρ = 60 lb/ft^3

μ = 0.65 cp

k = 0.5 darcies

p_A = 980 psia

p_B = 1,060 psia

■ **풀이**

Darcy의 법칙은 현장 단위로도 표현될 수 있다.

$$q = -\frac{1.127kA}{\mu}\left(\frac{dp}{ds} + \frac{\rho \sin\theta}{144}\right)$$

만약 위에서 괄호 안의 식이 양수라면, 유동은 B에서 A로 흐름을 암시한다.

$$\frac{q}{A} = -\frac{1.127kA}{0.65}\left(\frac{1060-980}{1059.5} + \frac{60}{144}\frac{350}{1059.5}\right) = 0.302 \text{ ft/day}$$

q가 양수이므로 오일은 A에서 B로 흐른다.
임의의 기준면에서 유정 A와 B의 포텐셜을 이용하여 계산할 수도 있다.

$$\Phi_A = p_A + \frac{\rho}{144}\Delta h = 980 + \frac{60}{144}(2,800 - 2,450) = 1,126 \text{ psia}$$

$$\Phi_B = p_B + \frac{\rho}{144}\Delta h = 1,060 + \frac{60}{144}(2,800 - 2,450) = 1,060 \text{ psia}$$

그러므로 오일은 A에서 B로 흐른다.

$$\frac{q}{A} = -\frac{1.127kA}{0.65}\left(\frac{1060-1126}{1059.5}\right) = 0.302 \text{ ft/day}$$

■

■ 수평 비압축 방사유동

이 경우 유동이 수평이기 때문에 $\frac{dz}{ds} = 0$ 이고 s는 p가 감소하는 방향이므로 r이 증가하여 p가 감소하는 생산정을 가정하면

$$ds = -dr$$

$$u = \frac{k}{\mu}\frac{dp}{dr}$$

이 된다.

$$q = 2\pi rhu = 2\pi rh\frac{k}{\mu}\frac{dp}{dr}$$

이 식을 Darcy의 법칙에 대입하여 적분하면

$$\frac{q\mu}{2\pi kh}\int_{r_w}^{r_e}\frac{dr}{r} = \int_{p_w}^{p_e}dp$$

다음과 같은 식을 얻는다.

$$q = \frac{2\pi kh(p_e - p_w)}{\mu \ln\left(\frac{r_e}{r_w}\right)} \tag{3.21}$$

■저압축성 액체의 수평 선형유동

저압축성 액체의 경우 모든 지점에서 질량 플럭스가 동일하다는 점을 제외하면 Darcy의 법칙이 유효하다.

액체 밀도가 다음 식으로 나타난다고 가정하면

$$\rho = \rho_o \exp(cp) \tag{3.22}$$

Darcy의 법칙을 다음과 같이 쓸 수 있다.

$$\rho u = -\frac{k\rho}{\mu}\frac{dp}{dx}$$ = 일정 (정상 유동의 경우)

$$\frac{d\rho}{dx} = \frac{d\rho}{dp}\frac{dp}{dx} = \rho_o c \exp(cp)\frac{dp}{dx}$$

따라서,

$$\frac{dp}{dx} = \frac{1}{c\rho}\frac{d\rho}{dx}$$

Darcy 법칙에 대입하면

$$A\rho u = -\frac{k\rho A}{\mu}\left(\frac{1}{c\rho}\frac{d\rho}{dx}\right)$$

여기에서 $Au = q$ 이므로 $q\rho = \dot{m}$ 은 질량 유동율(質量 流動率, mass flow rate)이다.

$$\dot{m} = -\frac{kA}{\mu c}\frac{d\rho}{dx}$$

이 식을 적분하면

$$\dot{m} = \frac{kA}{\mu c}\frac{(\rho_1 - \rho_2)}{L}$$

만약 $\rho = \rho_o + \rho_o cp$ 라고 하면(선형화된 지수함수 관계) $\rho_1 - \rho_2 = \rho_o c(p_1 - p_2)$ 이므로

$$\rho_o q_o = \frac{kA}{\mu c}\rho_o c\frac{(p_1 - p_2)}{L} \tag{3.23}$$

$$q_o = \frac{kA}{\mu c}c\frac{(p_1 - p_2)}{L} \tag{3.24}$$

여기에서 ρ_o 와 q_o 는 기준 압력에서의 밀도와 유동율이다.

■ 이상기체의 등온 선형유동

Boyle의 법칙($p_1V_1 = p_2V_2$)에 따르면 일정 온도에서

$$\rho = \rho_b\left(\frac{p}{p_b}\right) \tag{3.25}$$

이 성립하며 이 때 b 는 어떤 기준 상태를 의미한다. 기체 유동에 Darcy 법칙을 적용하여 다음과 같이 정리할 수 있다.

$$\rho\frac{q}{A} = -\frac{k\rho}{\mu}\frac{dp}{dx}$$

$$\rho_b q_b = \rho q = \text{일정}$$

$$\frac{\rho_b q_b}{A} = -\frac{k}{\mu}\rho_b\left(\frac{p}{p_b}\right)\frac{dp}{dx}$$

$$\frac{p_b q_b}{A} = -\frac{k}{\mu}p\frac{dp}{dx}$$

이 식을 적분하면

$$q_b = \frac{kA}{2\mu L}\frac{\left(p_1^2 - p_2^2\right)}{p_b}\frac{dp}{dx} \tag{3.26}$$

p_b 를 평균압력 $\bar{p} = \frac{p_1 + p_2}{2}$ 로 선택하면 평균 유동율 $\bar{q}$ 는

$$\bar{q} = \frac{kA}{\mu L}\left(p_1 - p_2\right) \tag{3.27}$$

이 된다. 이것은 평균 압력 $\bar{p}$ 에서 측정한다면 비압축 액체에 대한 Darcy 법칙과 같다.

예제

다음과 같은 정보가 주어졌을 때 코어의 기체 투과도를 구하라.

절대 압력 1 atm, 70°F에서 500초 간 유동량 1,000 cm^3
하류 압력 = 1 atm (절대 압력)
70°F에서 $\mu_{air} = 0.02$ cp
$A = 2.0$ cm^2, 코어 길이 = 2 cm
상류 압력 = 1.5 atm (절대 압력)

풀이

$$\bar{p} = \frac{p_1 + p_2}{2} = \frac{1.45+1}{2} = 1.225$$

$$p_1 V_1 = \bar{p}\bar{V} \rightarrow \bar{V} = \frac{p_1 V_1}{\bar{p}} = \frac{(1)(1000)}{1.225} = 815 \text{ cm}^3$$

$$\bar{q} = \frac{\bar{V}}{t} = \frac{815}{500} = 1.63 \text{ cm}^3/\text{sec}$$

$$k = \frac{\bar{q}L}{A\Delta p} = \frac{(1.63)(2)(0.02)}{(2)(0.45)} = 0.0725 \text{ darcies}$$

■

■ 비등온 방사 가스 유동

등온 선형유동 조건은 실험실 측정에는 적절하지만 현장 가스전 조건에는 부적절하다. 방사 좌표계에서 가스 유동에 대한 정상상태 유동 방정식은 다음과 같다.

$$q_{sc} = \frac{7.03\times10^{-4} kh\left(p_e^2 - p_w^2\right)}{\bar{T}\,\overline{\mu z}\ln\frac{r_e}{r_w}} \tag{3.28}$$

여기에서 q_{sc} 는 유동율 [Mscf/day], k 는 투과도 [md], h 는 지층 두께 [ft], p_e 는 r_e 에서의

압력 [psi], p_w는 r_w에서의 압력 [psi], $\bar{T}$는 온도 [°R], $\bar{\mu}$는 $\frac{p_e+p_w}{2}$에서의 가스 점도 [cp], $\bar{z}$는 $\frac{p_e+p_w}{2}$에서의 압축도 인자이다. $\bar{z}$는 온도, 압력, 가스 조성의 함수로 나타나며 이상기체의 경우 1이다.

3.3 투과도 측정

3.3.1 액체 투과도 측정

코어 시료의 투과도는 실험실에서 수평 유동에 대한 Darcy 법칙(식 3.4)을 사용하여 측정한다. 이 때 측정 데이터로부터 투과도를 추정하기 전에 다음의 조건을 만족해야 한다.

- 수평 유동
- 비압축성 유체
- 다공성 매체에서 100%의 유체 포화율
- 정상류, 즉 유동방향에서 일정한 단면적
- 층류(대부분의 액체 유동에서 만족)
- 다공성 매체와 유체 사이에서 화학적 교환 또는 반응이 없음

위의 조건을 모두 만족하면 투과도는 다음 공식을 사용하여 선형유동 방정식을 적분함으로써 얻을 수 있다.

$$q = \frac{Ak}{\mu \Delta l}\Delta p \tag{3.29}$$

여기에서 유동율 q와 압력차 Δp는 측정된 데이터이다. 투과도는 그림 3.5처럼 측정값을 도시함으로써 얻을 수 있다.

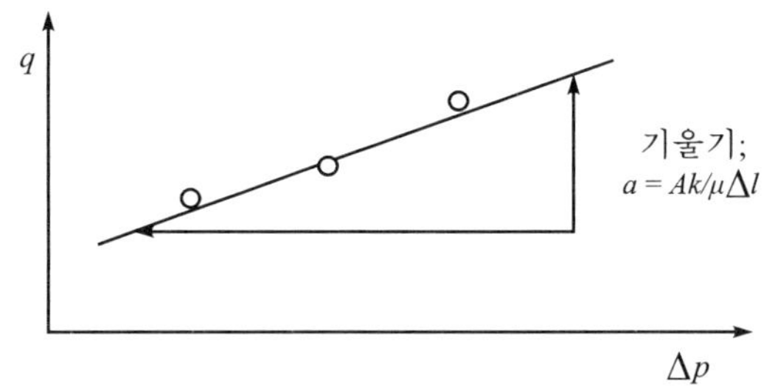

그림 3.5 액체 투과도의 실험 측정

모든 실험 데이터 점들을 통과하는 최적 선형 접합선의 기울기와 식 3.29를 사용하여 투과도를 계산할 수 있다. 측정 자료의 선형 표현법은 눈으로 확인할 수 있는 장점이 있으나 이는 고 또는 저유동율에서 데이터 내 비선형 효과나 실험실 측정에서의 불확실성 때문에 선형 접합선 주변에서 큰 산포도를 갖는 데이터가 나타날 수 있다.

예제

원통형 코어 시료를 세척하고 공극 안에 있는 모든 탄화수소를 제거하였다. 코어를 물로 포화한 후 수평방향으로 흐르게 했다. 코어의 길이는 15 cm, 직경은 5 cm이고 물의 점도는 1.0 cp이다. 세가지의 서로 다른 유동율에서 측정한 압력강하 Δp 는 다음과 같다.

q_w [cm^3/s]	1.0	3.0	10.0
Δp [atm]	7.2	24.5	76.0

■ **풀이**

투과도는 그림 3.5와 같이 "유동율/압력"표에서 데이터를 도시하거나, 아래 식을 통해 구할 수 있다.

$$k = \frac{\mu \Delta l}{A} \frac{q}{\Delta p}$$

여기에서 $A = \pi (d/2)^2$ 이고 d 는 코어의 직경이다.

3가지의 서로 다른 유동율에서 측정한 압력강하 Δp 와 위의 공식을 사용하여 계산한 투과도는 다음과 같다.

q_w [cm^3/s]	1.0	3.0	10.0
Δp [atm]	7.2	24.5	76.0
k [darcy]	0.106	0.093	0.101

평균 또는 대표 투과도는 $\bar{k} = 0.1$ daroy 또는 100 md이다. ■

실험실 측정은 항상 실험 데이터를 얻기 위해 사용된 방법과 관련된 불확실성을 포함하고 있다. 이러한 불확실성은 그림 3.5에서처럼 유동율 q 와 압력강하 Δp 에 대한 그래프를 통해 검토할 수 있다. 이 예제처럼 직접 계산과 비교하여 데이터 도시(data-plotting)의 장점은 평균화 과정(averaging process)에서 사용된 데이터가 우수하거나 대표적인 것인지를 증명할 수 있다는 점이다.

3.3.2 기체 투과도 측정

액체와 다공성 매체와의 특정 상호 작용 때문에 절대투과도는 일반적으로 실험실에서 코어 시료에 가스(보통 질소)를 유동시켜 측정한다. 식 3.27은 유동율이 평균(중간) 유동율이라는 것만 제외하면 수평 유체 유동에 대한 Darcy 법칙과 정확히 같은 형태이다. 균질 다공암에서 중간 유동율은 코어 시료 중심의 가스 유동율과 같다.

투과도 측정 실험에서는 수직/수평 방향의 투과도를 측정할 수 있는 Hassler 코어 홀더를 주로(일반적으로) 사용한다(그림 3.6). 수직 방향의 투과도를 측정하기 위해, 가스는 축 방향에서 코어 플러그를 통해 주입된다. 코어 플러그는 가스 유입을 막기 위하여 불투과성 고무 슬리브로 싸여 있다.

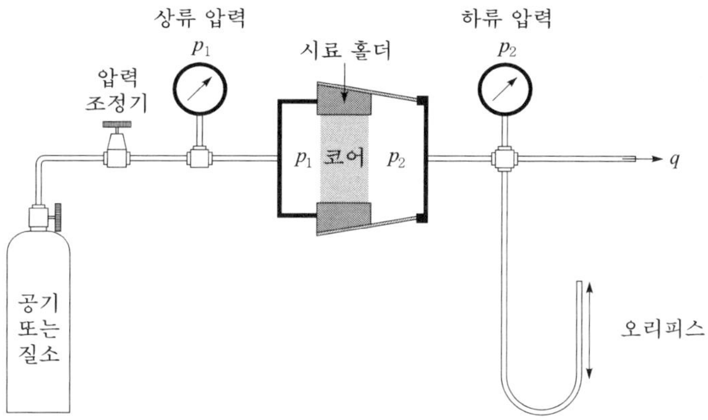

(a) 공기 투과도 측정기의 개요도

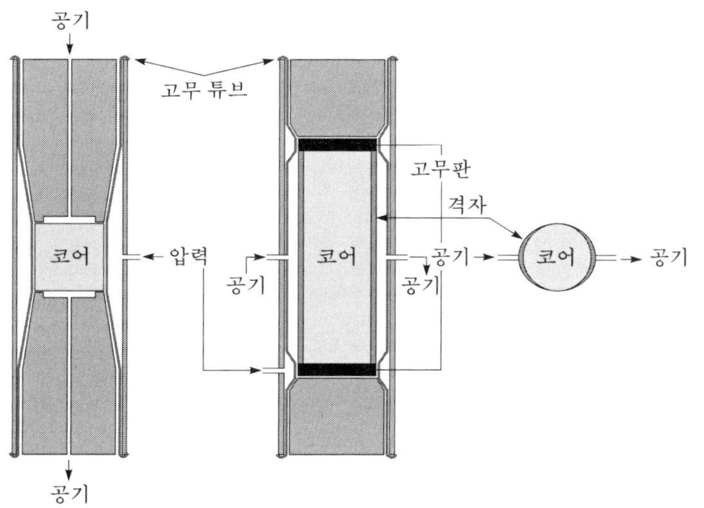

a) 수직유동 b) 수행 유동

(b) Hassler 코어 홀더

그림 3.6 온직경 수직 수평 투과도 측정 기구

수평 투과도 측정 시에는 그림 3.6의 오른쪽 그림처럼 불투과성의 고무 디스크로 코어 상부 표면을 밀봉해야 한다. 유출입 경로 쪽의 표면을 스크린으로 싼 시료를 코어 홀더에 넣은 후 고압의 공기를 넣어주면 이에 의해 코어 주위의 고무튜빙은 수축하게 된다. 홀더의 중심에서 저압의 공기가 주입되고 고무 부트를 지나 스크린을 통해 수직적으로 유동한다. 그 후 공기는 최대 높이에서 온직경 코어의 직경 전체를 통해 유동하고 반대면에서 나타난다. 여기에서 스크린을 통한 공기의 자유 유동 방출이 가능하다. 스크린은 온직경 시료의 겉표면을 싸고 있다. 대부분의 경우 코어의 둘레는 네 부분으로 나뉘어져 있다. 이 실험에서 유동 길이는 실제로 코어 지름의 함수이고 유동의 횡단면적은 코어의 지름과 길이의 함수이다.

일반적으로 모든 코어에 대해 두 가지의 수평 투과도를 측정한다. 두 번째 측정은 첫 번째에 대해 직각으로 구성되어 있다.

예제

1 in의 직경과 길이를 갖는 코어에 대해 가스의 투과도 시험을 수행하였다. 시료를 건조한 후 그림 3.6처럼 Hassler 코어 홀더에 설치하였다.

코어의 한쪽 끝에서 가스를 주입하여 압력 p_1을 측정하고 다른 쪽 끝에서 대기압, 즉 p_2=1 atm일 때, 가스 유동율 q_2 를 측정하였으며 그 결과는 다음과 같다. 투과도를 결정하시오.

p_1 [mmHg]	q_2 [cm^3/min]	$\bar{p}$ [atm]	Δp [atm]
861	6.4	1.066	0.133
1276	35.6	1.33	0.667
2280	132.8	2.00	2.00

■ **풀이**

가스 투과도는 식 3.10을 이용해 구할 수 있으며 다음과 같이 쓸 수 있다.

$$q_2 = A\frac{k}{2\mu p_2}\frac{p_1^2 - p_2^2}{\Delta l}$$

위 식으로부터 주어진 압력 p_1과 가스량 q_2에 대한 코어 시료 내 평균 압력 $\overline{p}$와 코어에서 압력강하 Δp가 도출된다. 가스 투과도 k는 코어의 평균 압력의 함수이다. 다음과 같은 데이터가 주어진다.

p_1 [mmHg]	q_2 [cm^3/min]	$\overline{p}$ [atm]	Δp [atm]	k [md]
861	6.4	1.066	0.133	6.8
1276	35.6	1.33	0.667	6.3
2280	132.8	2.00	2.00	5.0

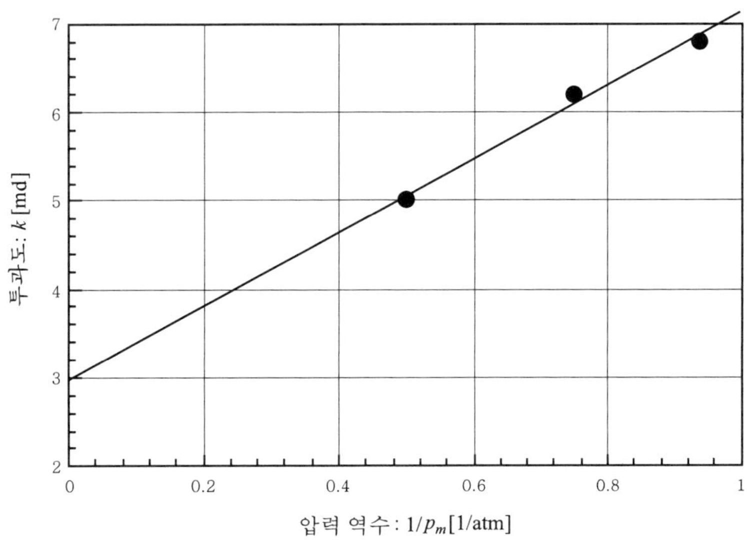

그림 3.7 평균 압력의 역수로 도시화된 가스 투과도

가스 투과도는 압력의 영향을 받는다. 코어 내 평균 압력이 증가함에 따라 가스 투과도는 절대(액체)투과도에 가까워질 것이다. 이는 고압에서 가스는 액체와 같은 거동을 보이기 때문이다(예를 들어 공기 압력이 1,000 bar이상이 아니면 이 점근 한계(asymptotic)에 도달하지 않는다.)

그림 3.7에서 보여지는 것과 같이 $\bar{p} \to \infty$ 또는 $1/\bar{p} \to 0$ 일 때 코어의 절대 가스 투과도는 투과도의 점근치로 찾을 수 있다. 표에서 도출된 그래프를 보면 절대투과도가 $k_{\text{liquid}} = 3.0$ md 임을 확인 할 수 있다.

3.4 투과도 모델

3.4.1 모세관 모델

반경이 R 인 원형 단면의 직선관 내 유체 유동에 대하여 Navier Stokes 방정식을 풀면 관 내 속도 궤적을 얻을 수 있다. 일정한 밀도와 점도의 유체를 고려하면 속도 궤적은

$$v_z = \frac{R^2 \Delta p}{8\mu L}\left[1 - \left(\frac{r}{R}\right)^2\right] \tag{3.30}$$

이다. 이 식을 관 단면에 대하여 적분하면 체적 유동율을 얻을 수 있고 이를 Hagen-Poiseuille 방정식이라고 한다.

$$q = \frac{\pi R^4 \Delta p}{8\mu L} \tag{3.31}$$

암석이 반경 r 인 균일한 원형 단면, 길이 L_e 인 구부러진 모세관 다발로 구성되어 있다고 가정하면 단일튜브 내 유체 유동 방정식은 Hagen-Poiseuille 방정식으로 나타난다.

$$q_i = \frac{\pi r^4 \Delta p}{8\mu L_e} \tag{3.32}$$

암석 단면상에 공극의 갯수가 n 이라고 하면 유동율은

$$q = n\frac{\pi r^4 \Delta p}{8\mu L_e} \tag{3.33}$$

이고 공극률은 $\phi = \dfrac{n\pi r^2 L_e}{AL}$ 이므로 $n = \dfrac{\phi AL}{\pi r^2 L_e}$ 이 된다. 이 관계를 대입하면

$$q = \frac{\pi r^4 \Delta p}{8\mu L_e}\frac{\phi AL}{\pi r^2 L_e} = \frac{kA\Delta p}{\mu L} \tag{3.34}$$

가 되므로 k 는

$$k = \frac{r^2}{8}\phi\left(\frac{L}{L_e}\right)^2 \tag{3.35}$$

가 된다. 여기에서 $\tau = \left(\dfrac{L_e}{L}\right)^2$ 를 비틀림도(tortuosity)라고 하는데 통상 3으로 가정한다. r 을 cm로 표시하면 k [darcy]는

$$k = \left(10^8\right)\frac{\phi r^2}{8\tau} \tag{3.36}$$

이 된다.

3.4.2 Carmen-Kozeny 모델

비원형 단면의 관에 Hagen-Poiseuille 방정식을 일반화시키면 다음과 같이 나타낼 수 있다. 공극 내 평균 속도 v_{pore} 는

$$v_{\text{pore}} = \frac{D_H^2}{16C_o\mu}\frac{\Delta p}{L_e} \tag{3.37}$$

이다. D_H는 윤변(潤邊, wetted perimeter)과 단면적으로 정의된 평균수력직경(平均水力直徑, mean hydraulic diameter)이다.

$$D_H = 4\frac{\text{단면적}}{\text{윤변}} \tag{3.38}$$

C_o는 형상인자(shape factor)로서 원형 공극의 경우 2이다.

평균 공극 속도 v_{pore}를 Darcy 속도와 연관시키고

$$v_{\text{pore}} = \frac{u}{\phi}\frac{L_e}{L} \tag{3.39}$$

Darcy 법칙을 대입하면 투과도에 관한 식을 얻을 수 있다.

$$k = \frac{\phi D_H^2}{16C_o\left(\frac{L_e}{L}\right)^2} \tag{3.40}$$

이 식을 Karmen-Kozeny 방정식이라고 하며 투과도는 공극 반경의 제곱에 비례함을 보여준다.

3.5 투과도에 영향을 미치는 요인

3.5.1 Klinkenberg 효과

일반적으로 투과도는 다공성 매체 내 유동을 나타내는 특성 인자로 취급한다. Darcy 법칙에서 투과도는 비례상수이기 때문에 다공성 매체의 다른 특성은 투과도의 수치 값에 중요

한 영향을 미친다. 상재압력의 경우 실험 결과에 따르면 투과도는 공극률보다 압력에 영향을 더욱 많이 받는다.

유체와 다공성 매체 간의 특정 상호작용으로 인해, 투과도 측정은 실험에 사용되는 유체의 영향을 받는다. 이러한 효과를 피하기 위해, 헬륨, 질소, 이산화탄소, 또는 공기 등과 같은 기체들이 투과도 측정에 종종 사용된다. 기체를 사용하면 난류 유동 거동, 가스 유동율 측정에서의 불확실성 증가, 저압에서의 Klingkenberg 효과 등 여러 문제들을 초래한다.

식 3.11에 따르면 가스에 대한 암석 투과도는 압력에 종속적이므로 ($k = k(\overline{p})$) 액체의 투과도와 다르다.

$$k = \frac{q_o \mu}{A} \frac{p_o}{\overline{p}} \frac{\Delta l}{\Delta p} \tag{3.41}$$

이는 평균 코어 압력 $\overline{p}$ 가 달라지면 가스에 따라 서로 다른 암석 투과도 값을 나타낸다는 것을 의미한다. 이는 실험을 통해 얻은 투과도를 저류층 투과도와 연관시킬 때 고려해야 할 사항이다.

낮은 평균 압력에서 가스 투과도를 측정하면 비반응 액체 투과도(절대투과도) 측정치에 비하여 상당히 큰 값을 가지는 것이 관찰되었다. 이 효과는 1941년 Klinkenberg에 의해 연구되어 gas-slippage 효과 또는 Klinkenberg 효과라고 알려져 있다. Klinkenberg는 코어 시료의 가스 투과도가 측정에 사용된 가스의 유형과 코어에서의 평균 압력 $\overline{p}$ 모두에 의해 변화하는 것을 발견했다.

식 3.7 또는 3.11에서 제시된 것과 같이 Darcy 법칙이 성립하기 위한 조건 중 하나는 층류 유동, 즉 유체는 가스 내 분자 간 상호작용에 따라 "이상적으로" 거동해야 한다. 저압과 작은 직경을 갖는 공극 경로 조건에서 이러한 조건은 성립하지 않는다.

낮은 $\overline{p}$ 에서 가스 분자는 종종 멀리 떨어져서 거의 상호 작용 없이 공극 경로를 따라 미끄러지면서 유동 속도 또는 유동율이 증가하게 된다. 보다 높은 압력에서는 가스분자는 서로 근접하여 액체 내 분자처럼 강하게 상호 작용한다. 층류 유동과 비교할 때, 일정한 압력 차이에서 Klinkenberg 지배 유동은 층류 유동보다 높은 가스 유동율을 나타낸다.

$$q_{\text{Klinkenberg}} > q_{\text{laminar}}$$

실험에 의하면 가스투과도와 평균 압력의 역수 $1/\bar{p}$ 을 도시하면 데이터 점을 통과하는 직선을 그릴 수 있다. 이 선을 무한대 평균압력$(1/\bar{p} \to 0)$으로 외삽하면 절대투과도(액체 투과도)를 얻을 수 있다. $1/\bar{p} \to 0$ 일 때 투과도 값을 코어가 비반응 액체로 포화되었을 때 얻은 투과도 값과 비교할 수 있다(그림 3.8).

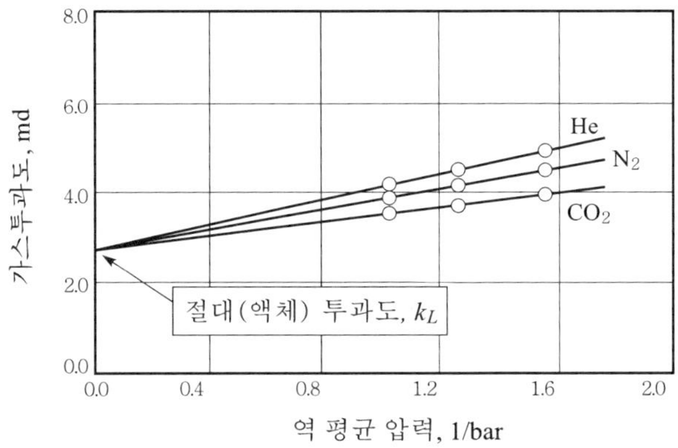

그림 3.8 Klinkenberg 투과도 결정

초기 코어분석에서 Klinkenberg 투과도는 서로 다른 평균 압력 $\bar{p}$ 에서 정상상태 투과도 측정 기법을 사용하거나 다음의 상관관계를 이용하여 측정하였다.

$$k_m = k_L\left(1+\frac{b}{\bar{p}}\right) \tag{3.42}$$

여기에서 k_m 와 k_L 는 각각 측정 투과도, 절대(액체) 투과도이다. 인자 b 는 사용된 가스의 종류에 따라 달라지고 어느 정도까지는 암석의 성질을 반영한다. Klinkenberg 효과에 의해 수정된 가스 투과도는 일반적으로 수정 전과 크게 다르지 않다.

비수정 투과도 [md]	Klinkenberg 수정 투과도[md]
1.0	0.7
10.0	7.8
100.0	88.0
1000.0	950.0

대부분의 가스 투과도 측정 실험에서 가스의 압력이 10 bar보다 높으면 Klinkenberg 효과를 무시할 수 있다. 저류층에서 압력은 훨씬 더 높을 것이고 결과적으로 Klinkenberg 효과는 중요하지 않다.

동일한 모세관들로 구성된 시스템에서 Klinkenberg 효과를 고려한다. 이러한 시스템에서 관 유동에 대한 Poiseuille 법칙을 사용하면 투과도는 다음과 같이 쓸 수 있다.

$$k = \frac{\pi}{4}\frac{r^2}{8}$$

여기에서 r은 개별 관의 반경이다.

원통관 다발은 실제 다공성 매체 모델과는 많이 다르지만, 그와 무관하게 Klinkenberg 효과가 중요한 영향이 미치기 시작되는 곳에서 투과도를 추정할 수 있다.

예로서 유동시험에서 헬륨가스를 사용하였다. 헬륨은 대기압 20°C의 온도에서 평균 자유 경로는 $\lambda_{He} = 0.18 \times 10^{-6}$이다. 보다 높은 압력에서는 작은 평균 자유 경로가 관찰된다, 즉 $\lambda < \lambda_{He}$ 이다.

가스의 평균 자유 경로와 공극 경로의 크기(직경)가 비슷할 때 Klinkenberg 효과가 중요하기 때문에, Klinkenberg 효과가 활성화 되는 최대 투과도 한계치가 존재한다.

식 3.17의 관 직경에 헬륨의 평균 자유 경로를 대입하면($r = \frac{\lambda_{He}}{2}$)

$$k_{\mathrm{He}} = \frac{\pi}{4}\frac{\left(\frac{\lambda_{\mathrm{He}}}{2}\right)^2}{8}$$

위에서 나타난 것과 같이 헬륨 가스를 사용하면 다공성 매체의 표준 상태에서 k_{He}=0.8 md 보다 작은 투과도의 경우 Klinkenberg 효과가 활성화된다. 질소와 이산화탄소를 사용한 시험에서는 예측 평균 자유 경로가 짧고 결과적으로 투과도 한계치는 헬륨 가스의 경우보다 작다.

많은 가스들에 대해, 표준상태(상온, 대기압)에서 분자들의 평균 자유 경로는 0.01 μm 에서 0.1 μm 범위 안에 존재한다. 반면 이산화탄소와 질소의 평균 자유 경로는 각각 0.04 μm , 0.06 μm 이다.

3.5.2 코어 내 난류 가스유동

코어 시료 내 가스 투과도를 측정할 때 난류는 큰 공극과 공극 경로에서 주로 발생한다. 난류의 발생을 조절하기 위해 부분적으로 난류 유동을 나타내는 항을 추가하여 수평 유동 방정식을 나타낼 수 있다. Fanning 방정식은 원형관 내 난류 유동을 묘사하는데 사용된다.

$$v^2 = \frac{R}{\rho F}\frac{\Delta p}{\Delta x} \tag{3.43}$$

여기에서 R 은 관의 반경, ρ 는 가스 밀도, F 는 관 특성(즉 조도, 습윤성 등)을 반영하는 Fanning 마찰 인자이다. Fanning 방정식처럼 공극 경로에서 압력 강하는 공극 내 평균 가스 속도의 제곱에 비례한다고 가정할 수 있다.

난류 항을 포함한 수평 유동 방정식은 다음과 같이 쓸 수 있다.

$$\frac{\Delta p}{\Delta x} = \frac{\mu}{k}\overline{v} + \beta\overline{v}^2 \tag{3.44}$$

여기에서 $\overline{v}$ 는 평균 또는 중간 유동 속도이고 β 는 난류 상수(난동 상수)이다.

평균 가스 유동 속도 $v = \dfrac{\bar{q}}{A}$ 를 대입하면 다음과 같은 식을 얻을 수 있다.

$$\frac{\Delta p}{\Delta x}\frac{A}{\mu}\frac{1}{\bar{q}} = \frac{1}{k} + \frac{\beta}{A\mu}\bar{q} \tag{3.45}$$

실험 중에는 일반적으로 평균 코어 유동율 $\bar{q}$ 를 알지 못하고 대신 배출관에서의 가스 유동율 q_o 를 측정할 수 있다. 위의 관계를 식으로 나타내면 다음과 같다.

$$\bar{q} = \frac{p_o}{\bar{p}} q_o \tag{3.46}$$

수평 유동 방정식에 평균 가스 유동율을 대입하면 실험적인 적용에 특별히 적합한 방정식을 얻는다.

$$\frac{A}{\Delta x \mu p_o}\frac{\Delta p \bar{p}}{q_o} = \frac{1}{k} + \frac{\beta p_o}{A\mu}\frac{q_o}{\bar{p}} \tag{3.47}$$

식 3.47는 선형 방정식이며, 여기에서 $1/k$ 는 상수 항이다.

식 3.47를 이용할 때 $\bar{p} = \dfrac{p_1 + p_2}{2}$ 와 $\Delta p = (p_1 - p_2)$ 는 모두 p_1 의 함수이기 때문에 선형 표를 얻기 위하여 둘 중 하나는 고정시켜야 한다.

세 가지의 데이터 세트 a, b, c를 가정해보자. 각 세트에 대해 3회 측정하였으므로 총 9회 측정하였다.

$\bar{p}_a$	$\Delta p_{a,1}$	$q_{o,a,1}$
$\bar{p}_a$	$\Delta p_{a,2}$	$q_{o,a,2}$
$\bar{p}_a$	$\Delta p_{a,3}$	$q_{o,a,3}$
$\bar{p}_b$	$\Delta p_{b,1}$	$q_{o,b,1}$
$\bar{p}_b$	$\Delta p_{b,2}$	$q_{o,b,2}$
$\bar{p}_b$	$\Delta p_{b,3}$	$q_{o,b,3}$
$\bar{p}_c$	$\Delta p_{c,1}$	$q_{o,c,1}$
$\bar{p}_c$	$\Delta p_{c,2}$	$q_{o,c,2}$
$\bar{p}_c$	$\Delta p_{c,3}$	$q_{o,c,3}$

그림 3.9와 같이 각각의 데이터 세트 a, b와 c, a에 대해 측정 점들을 지나는 직선을 그리고 상수 $1/k$을 구한다.

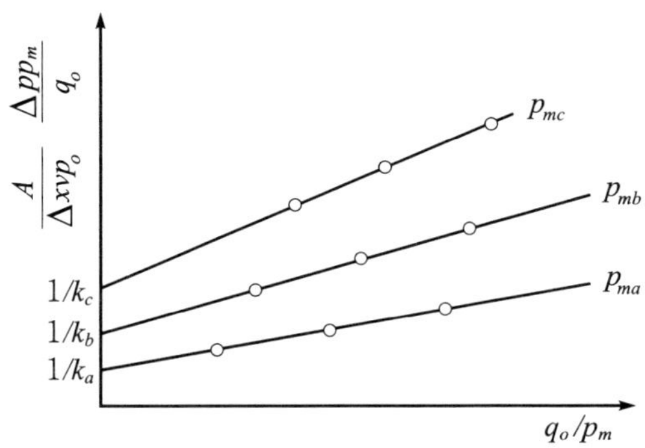

그림 3.9 평균압력 $\bar{p} = p_m$ 을 일정하게 유지하고 선형 데이터를 도시화

그림 3.9으로부터 3가지 투과도 값을 구하고 그림 3.10처럼 선형 방정식 3.14에 따라 k_0, k_a, k_b, k_c를 도시한다.

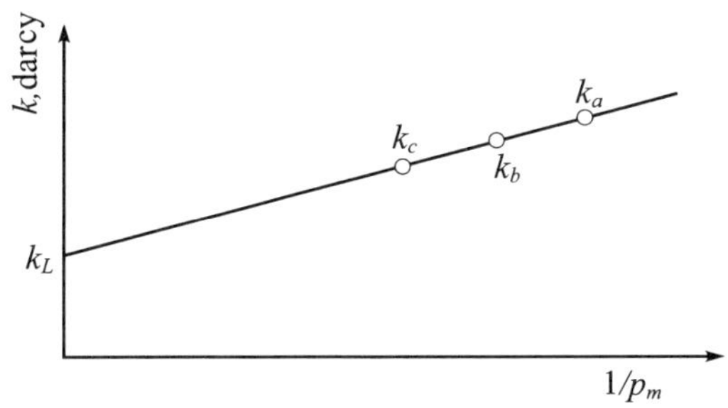

그림 3.10 평균 압력 $\bar{p} = p_m$ 역수의 함수에 대한 절대투과도

난류를 고려하면 가스의 투과도는 위와 유사한 방법으로 구할 수 있다. 먼저 동일한 평균 코어 압력을 가지는 데이터를 나타낸 후 투과도를 역평균 압력의 함수로 도시한다. 이를 통해 절대투과도를 알 수 있다.

3.5.3 균열

자연 균열을 포함하는 암석들은 코어 채취 시 자연 약면을 따라 분리된다. 따라서 실험실에서 측정한 암체 투과도는 원위치 투과도보다 훨씬 작다.

폭이 b 인 단일 균열의 경우 유체 속도는

$$u = \frac{q}{A} = \frac{b^2}{12\mu L}(p_1 - p_2) \tag{3.48}$$

이다. 이 식을 Darcy 방정식과 비교하면

$$\frac{b^2 A}{12\mu L}(p_1 - p_2) = \frac{kA}{\mu L}(p_1 - p_2) \tag{3.49}$$

이다. 따라서 균열의 투과도는 Darcy 단위 사용 시

$$k = \frac{b^2}{12} \tag{3.50}$$

이고 b [inch], k [md]일 때는

$$k = 54 \times 10^9 b^2 \tag{3.51}$$

이다.

예제

암체 투과도가 0.01md, 체적 1 ft^3인 암석이 폭 0.005 inch, 길이 1 ft인 균열을 포함하고 있다. 균열 방향과 유동 방향이 같다고 가정할 때 평균 투과도를 결정하시오.

■ **풀이**

수평 평행 유동에 대하여 $\bar{k} = \dfrac{\sum k_j A_j}{A}$ 이므로

$$\bar{k} = \frac{(0.01)\left[(12 \text{ in})^2 - (12 \text{ in})(0.005 \text{ in})\right] + \left[(54 \times 10^9)(0.005 \text{ in})^2 (12 \text{ in})(0.005 \text{ in})\right]}{144 \text{ in}^2}$$

$$= 563 \text{ md}$$

■

3.5.4 반응성 유체

지층수는 암석 내 점토와 반응하여 액체 투과도를 감소시킬 수 있다. 지층수에 대한 실제 투과도는 실험실에서 측정한 투과도보다 작다. 주입수가 지층수보다 염도가 작으면 점토 팽창에 의해 투과도가 감소한다.

연습문제

01 dyne/cm^2 를 1 atm 로 변환하기 위한 상수가 1.0133×10^6 임을 증명하라.

02 아래에 주어진 Darcy 법칙을 현장단위로 변환하라.

$$q = A\frac{k}{\mu}\frac{\Delta p}{\Delta L}$$

Darcy's 법칙 : k[darcy], μ[cp], $A[\text{cm}^2]$, $q[\text{cm}^3/\text{s}]$, L[cm], p[atm]
현장단위 : k[md], μ[cp], $A[\text{ft}^2]$, q[bbl/d], L[ft], p[psi]

03 원통형 공극 모델은 원통관의 다발로 구성되어 있다. 튜브의 반경이 r 이고 튜브를 통해 이동하는 유체의 유동속도가 다음의 Poiseuilles 방정식으로 나타난다.

$$v = \frac{kr^2}{8\mu}\frac{\Delta p}{\Delta l}$$

(1) 원통형 공극모델의 공극률 ϕ를 구하라.
(2) 투과도가 $k = \dfrac{\phi r^2}{8}$ 임을 보여라.
(3) R 과 r 의 반경($R >> r$)을 갖는 2개의 관이 아래 그림처럼 이어져 있을 때 평균투과도를 확인하고 공극 반경의 상대적인 증가 또는 감소에 대한 중요성을 평가하라.

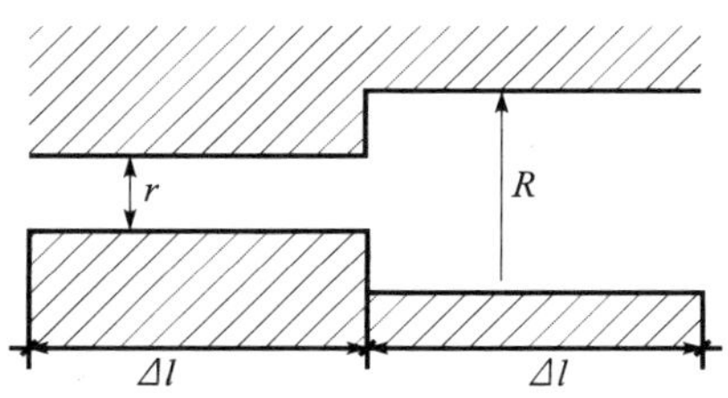

04 다음 값들을 갖는 원통형 코어 시료에 대한 공기의 투과도를 구하고, 유출끝점에서의 가스 유동율 q_o 에 대한 식과 평균 가스 유동율 $\bar{q}$ 에 대한 식을 사용하여 Darcy와 Poiseuilles의 법칙이 같은 결과를 가짐을 증명하라.

길이	3.0 in ,	p_1	55 psig
직경	1.5 in ,	p_2	20 psig
q_b	75 cm^2/s ,	대기압	13 psia
p_b	14.65 psia ,	μ	0.0185 cp

q_b 는 유동율, p_b 는 배압이다.

05 20 acres 의 생산범위를 갖는 원통형 저류층에서 오일을 생산 중이다. 주어진 데이터를 이용해 생산정의 압력을 계산하라. BOPO는 “Barrel of Oil Produced per Day”이다. 생산정에서 5 ft 떨어진 저류층의 압력을 계산하라. 또, 생산정에서 이 위치까지의 압력감소는 얼마인가?

r_w = 6 in, μ = 5 cp, k = 75 md, h = 10 ft, p_e = 5,000 psi, q = 175 BOPD

06 아래 그림처럼 n 개의 수평 층이 서로 평행하게 위로 쌓여 있는 시스템의 평균 투과도 $\bar{k}$ 가 다음 식과 같음을 보여라.

$$\bar{k} = \frac{\sum_{j=1}^{n} k_j h_j}{\sum_{j=1}^{n} h_j}$$

k_j : 각 층의 투과도 h_j : 각 층의 두께

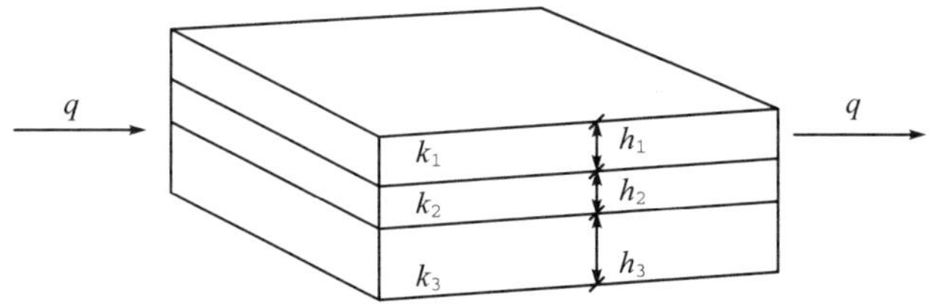

07 수평층에서 선형유동일 때 아래 데이터들을 이용하여 압력 p_b 에서 평행층을 통해 유동하는 가스의 총 유동율 ft^3/d 를 구하라.

폭	200 ft ,	길이	400 ft ,	p_{atm}	15.0 psia ,
h_1	2 ft ,	k_1	200 md ,	p_{in}	500 psig ,
h_2	6 ft ,	k_2	150 md ,	p_{out}	400 psig ,
h_3	4 ft ,	k_3	400 md ,	p_b	14.65 psig .

가스의 점도 $\mu_g = 0.0185$ cp, $p_{psia} = p_{psig} + p_{atm}$ 이다.

08 아래 그림과 같은 연속유동의 직사각형의 공극 매체의 평균 투과도가 다음 식과 같음을 증명하라.

$$\bar{k} = \frac{\sum_{j=1}^{n} L_j}{\sum_{j=1}^{n} L_j / k_j}$$

L_j : 유동방향으로 매체의 길이

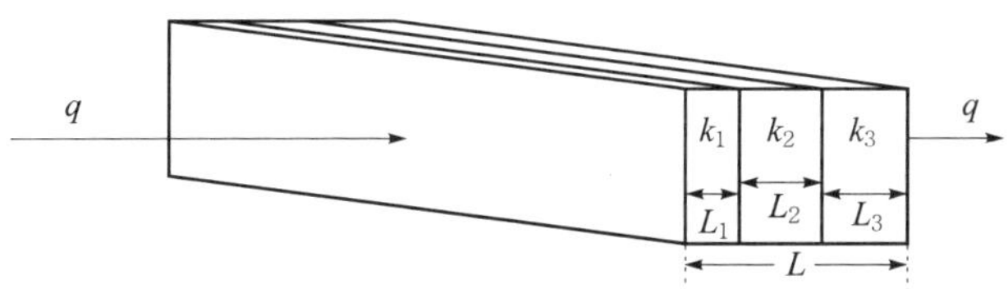

09 다음과 같은 데이터를 갖는 선형 수평 층에서 모든 매체를 통과하는 총 오일의 유동율 bbl/d 를 계산하라.

폭	100 ft ,	높이	50 ft ,	μ_o	10 cp ,
L_1	100 ft ,	k_1	100 md ,	p_{in}	100 psig ,
L_2	200 ft ,	k_2	50 md ,	p_{out}	50 psig ,
L_3	300 ft ,	k_3	200 md ,	$p_{atm.}$	15.0 psig .

10 n개의 방사형 층을 갖는 원통형 저류층의 평균투과도가 다음과 같음을 증명하고 다음 식이 가스와 액체 유동에서 둘 다 성립하는지 나타내라.

$$\bar{k} = \frac{\ln(r_e/r_w)}{\sum_{j=1}^{n} \ln(r_j/r_{j-1})/k_j}$$

r_e : 저류층의 외곽반경

r_w : 생산정의 반경

k_j : 외곽반경 r_j를 갖는 층의 투과도

11 아래 그림처럼 원통형 층들을 통한 방사형 수평유동일 때 오일 생산정은 감소된 저류층 투과도 k_1을 갖는 중간 지역(intermediate zone)을 갖는다. 오일의 유동율이 100 bbl/day 일 때, 아래와 같은 데이터를 갖는 저류층의 외곽경계에서의 압력 p_e와 손상된 지역 r_1 외곽에서 압력을 구하라.

r_w	6 in ,	k_1	50 md ,	p_w	100 psig ,
r_1	10 ft ,	k_2	200 md ,	μ_o	5 cp ,
r_e	300 ft ,			h	20 ft .

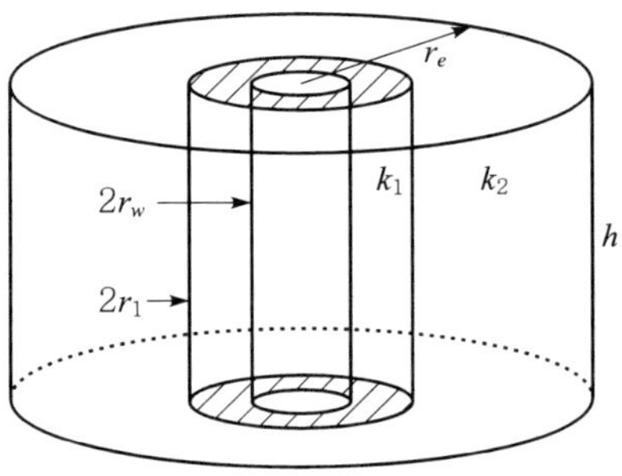

12 코어 시료의 절대투과도는 물 주입에 의해 측정한다. 아래 그림처럼 투명한 원통 튜브 안에 코어 시료를 설치하고 공기-물의 표면은 시간의 함수로 점검한다. 튜브는 수직으로 위치하고, 물이 코어 시료 전체 표면에 고루 분산되어 전체를 통해 흐른다고 가정하고 공기-물 표면이 400초당 18 cm씩 움직일 때 시료의 절대투과도를 구하라.

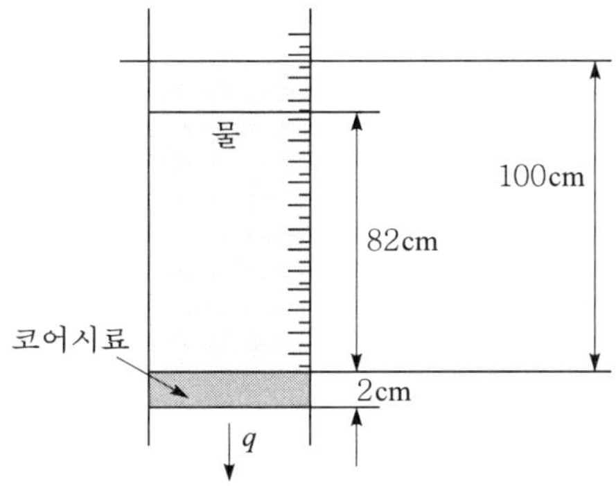

물의 밀도	1 g/cm^3
물의 점도	1 cp
중력가속도	980 cm/s^2
코어 시료의 두께	2 cm

제4장

습윤도와 모세관 압력

PHYSICAL PROPERTIES OF RESERVOIR ROCKS AND FLUIDS
저류암과 유체의 물성

4.1 표면장력과 계면장력

계면(界面, interface)은 서로 맞닿아 있는 두 전체 상의 경계 영역으로 평형 상은 다음과 같이 분류할 수 있다.

- 액체-증기 (LV)
- 액체-액체 (LL)
- 액체-고체 (LS)
- 고체-증기 (SV)

기체는 기본적으로 혼합성이므로 기체 간에는 계면장력이 관찰되지 않는다.

측면 장력의 상태에 있는 어떠한 표면으로부터도 표면장력의 개념을 이끌어 낼 수 있다. 곡선 계면들에 대해서도 정의는 비슷하지만 약간 더 복잡하다. σ 로 표시하는 표면장력은 표면적을 형성할 때 필요한 일 또는 에너지라 할 수 있다.

그림 4.1에서 보이는 것처럼 계면을 형성하는 물, 오일과 같이 두 액체가 있다면 오일-물의 계면에 인접한 분자는 평균적으로 전체 분자보다 작은 운동 에너지를 가진다. 계면 또는 인접한 분자는 계면에 가해진 제한 때문에 동일한 자유도와 속도로 반드시 이동하진 않는다. 분자의 총 에너지는 주로 온도의 함수이므로 계면에 붙어 있는 분자의 위치 에너지는 전체 분자의 위치 에너지보다는 더 크다.

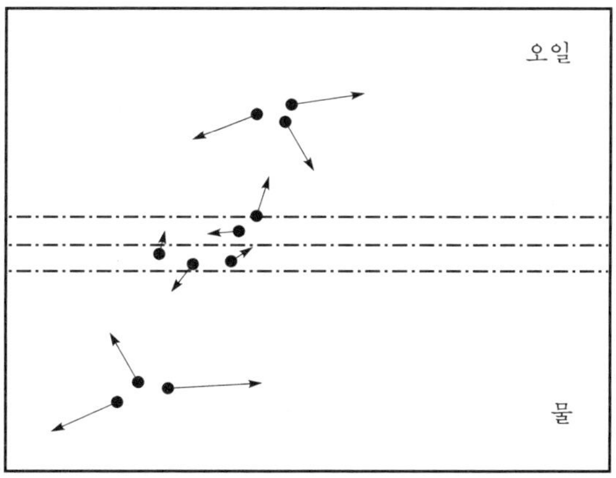

그림 4.1 전체 용액과 물/오일의 계면에 인접한 지점에서의 분자 운동

일반적으로 표면의 분자는 이방성과 분자 간 상호 작용 때문에 전체 분자보다 위치 에너지가 큰 상태에 있다. 이는 상의 내부에서 표면으로 분자를 이동시킬 때 즉 시스템의 표면적을 증가시키기 위하여 에너지가 필요하다는 것을 의미한다. 표면적과 분자시스템의 위치 에너지 사이에 비례 관계가 존재하고 최소 위치에너지(실제 Gibbs 최소 에너지)에서 평형이 도달하기 때문에 시스템의 표면적은 항상 최소화된다.

시스템의 온도, 압력, 물질량을 일정하게 유지하면 **표면장력**(表面張力, surface tension)에 대하여 다음 식을 쓸 수 있다.

$$\sigma = \left(\frac{\partial G}{\partial A}\right)_{T,p,n_i} \tag{4.1}$$

여기에서 G는 Gibbs 자유 에너지이고 A는 표면적이다. 따라서 표면장력의 단위는 면적당 에너지 단위 즉 J/m^2 이지만 일반적으로 N/m 또는 dyne/cm를 많이 쓴다. 표면장력 또는 계면장력이라 칭하는 것은 사실상 표면 또는 계면에너지이고 장력이나 힘보다 에너지 관점에서 이해하는 것이 쉽다.

순수한 액체와 증기상 사이의 표면장력은 보통 10~80 mN/m의 범위 안에 있다. 액체 내 분자 간 인력이 강할수록 분자를 표면으로 가져오기 위하여 필요로 한 일, 즉 계면장력 $\sigma = \left(\frac{\partial G}{\partial A}\right)_{T,p,n_i}$ 이 커진다. 표 4.1에 몇 가지 전형적인 표면장력과 계면장력을 제시하였다.

표 4.1 온도 T=293K에서 주요 액체에 대한 표면장력 σ_{LV} 와 물에 대한 계면장력 σ_{LW}

액체	σ_{LV} (mN/m)	σ_{LW} (mN/m)
물	72.8	-
n−octane	21.7	51.7
n−dodecane	25.4	52.9
n−hexadecane	27.5	53.8
dichoromethane	28.9	27.7
benzene	28.9	35.0
mercury	476.0	375.0

주의 : 표면장력 σ_{LV} 는 여기에서 액체와 증기 사이의 계면장력으로 정의한다.

4.2 암석 습윤도

암석의 **습윤도**(濕潤度, wettability)가 오일의 이동에 영향을 미친다는 것은 실험을 통하여 증명되었다. 습윤도란 용어는 "다른 비혼합 유체가 존재할 때 한 유체가 고체 표면에 퍼지거나 고착하는 성향(성질)"으로 정의한다.

저류층 습윤도는 유체-유체 및 암석-유체 계면에 작용하는 장력과 접촉각 등 계면장력을 측정하여 평가한다. 습윤도 자체는 미세 특성이므로 미세 실험실 기법을 사용하여 측정한다.

접촉각(接觸角, contact angle) θ는 다른 유체(오일)에 우선하여 공극의 벽면으로 퍼지는 비혼합 쌍 중 하나의 유체의 성향에 영향을 받는다. 우선적인 퍼짐은 정성적으로는 **습윤도 선호도**(濕潤度 選好度, wettability preference)로 나타낼 수 있다. 더 잘 퍼지는 유체를 **습윤상 유체**(濕潤相 流體, wetting phase fluid)라 하며 저류암을 **수습윤**(水濕潤, water wet) 또는 **유습윤**(油濕潤, oil wet)으로 분류할 수 있다. 접촉각은 고체표면을 적시고 있는 유체를 통해 측정한다.

표 4.2에서는 저류공학에서 많이 나타나는 전형적인 유체 쌍에 대하여 접촉각과 계면장력과 함께 제시하였다.

표 4.2 저류층과 실험실 조건 하에서 유체 습윤도

시스템		조건		
습윤상	비습윤상	T =온도 p =압력	θ	σ (dyne/cm)
염수	오일	저류층 T, p	30	30
염수	오일	실험실 T, p	30	48
염수	가스	실험실 T, p	0	72
염수	가스	저류층 T, p	0	(50)
오일	가스	저류층 T, p	0	4
가스	수은	실험실 T, p	140	480

저류암의 습윤도는 저류암 물질, 공극 형상, 지질 메커니즘, 오일 및 염수의 조성과 양, 압력과 온도, 생산중 포화율, 압력, 성분 변화 등에 의해 결정된다. 특히 오일의 아스팔텐(asphaltine) 함량과 공극 벽면의 성질이 큰 영향을 미친다. 순수한 석영 사암 또는 방해석 표면은 물에 우선적인 습윤 경향이 있다. 특정 자생 점토, 특히 샤모사이트(chamosite)가 존재하면 유습윤성을 증가시킬 수 있다.

오일 저류암이 수습윤 또는 유습윤인지 결정하기 위하여 특정 암석과 유체 물성을 고려해야 한다. 수습윤도 유습윤도 아닌 암석을 **중간습윤**(中間濕潤, intermediate wet) 또는 **중립습윤**(中立濕潤, neutral wet)이라고 한다. 대부분의 탄산염암 저류층은 유습윤이고 사암 저류층은 수습윤 또는 유습윤이다.

접촉각의 차이는 표 4.3과 그림 4.2에서 제시된 경험법칙(rule of thumb)에 의해 설명될 수 있는 다소간의 서로 다른 습윤도 선호성을 나타낸다.

표 4.3 접촉각에 의해 표현되는 습윤 선호도

접촉각 값(°)	습윤 선호도
0−30	강 수습윤
30−90	수습윤 선호
90	중립 습윤도
90−150	유습윤 선호
150−180	강 유습윤

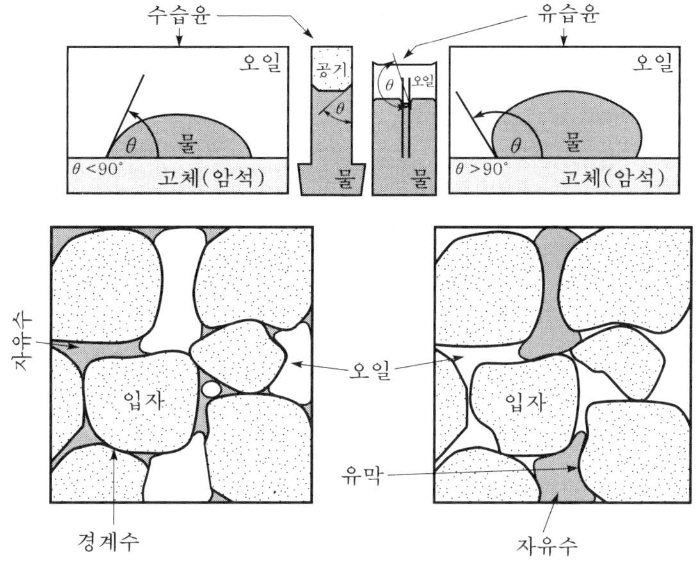

그림 4.2 습윤 선호도의 예

4.3 습윤도 측정

실험실 내에서 습윤도 측정법은 크게 정량적 측정법과 정성적 추정법으로 나눌 수 있다. 정량적 측정법에는 접촉각 결정법, Amott, Amott-Harvey, USBM 습윤도 지수법 등이 있고 정성적 추정법에는 침수율(imbibition rate), 미시적 검토법, 모세관 압력 곡선법, 상태투과도-포화율 관계법 등이 있다.

4.3.1 접촉각 측정

접촉각 측정법은 그림 4.3에 나타난 원리에 기반을 두며 **방울투하법**(投下法)(sessile drop method)이라고 부른다. 기본 측정법은 하나의 연마된 광물 결정을 이용하지만 변형법에서는 두 개의 결정판을 이용한다. 사암은 석영, 석회암은 방해석으로 구성되어 있으므로 저류암의 표면을 모사하기 위하여 석영이나 방해석을 사용한다.

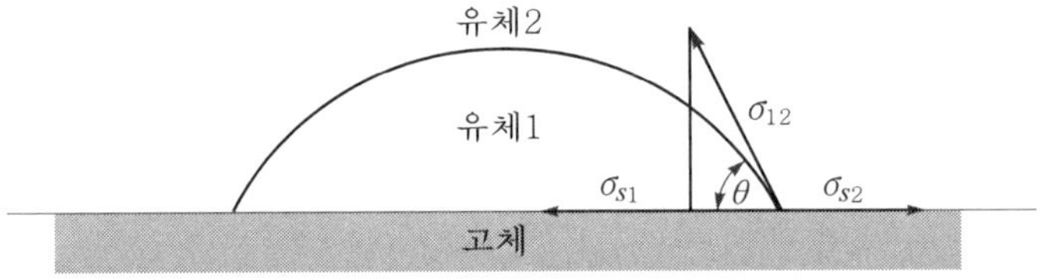

그림 4.3 접촉각의 정의

4.3.2 Amott 방법

Amott 방법은 코어의 평균 습윤도를 결정하기 위하여 침수 및 강제 대체를 결합한 것이다. 그림 4.4에 나타나 것처럼 코어 시료를 오일로 포화시키고 물로 둘러싸인 침수 셀에 넣는다. 평형상태에 도달할 때까지 물이 코어 내로 침수되면 오일이 대체되는데 20시간 후 침수된 물의 양 또는 대체된 오일 양 V_{o1}을 측정한다. 이후 코어를 꺼내 원심분리기로 시료 내 오일이 잔류 포화율이 될 때까지 물로 대체한다. 대체된 오일의 양 V_{o2}을 측정한다. 물로 포화된 코어를 오일로 찬 침수 셀에 넣는다. 오일이 코어 내로 침수되면 20시간 후 대체된 물의 양 V_{w1}을 측정한다. 평형 도달 후 코어를 꺼내 원심분리기로 시료 내 물을 대체하고 대체량 V_{w2}를 측정한다.

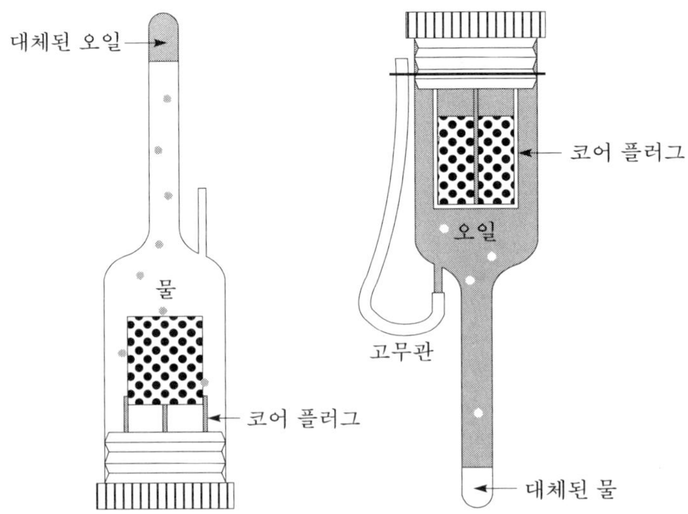

그림 4.4 (a) 물로 둘러싸인 오일 포화 시료 (b) 오일로 둘러싸인 물 포화 시료의 침수 셀

실험 결과는 오일로 대체된 비 δ_o 와 물로 대체된 비 δ_w 로 나타낸다.

$$\delta_o = \frac{\text{자연 대체된 물}}{\text{총 대체된 물}} \tag{4.2}$$

$$\delta_w = \frac{\text{자연 대체된 오일}}{\text{총 대체된 오일}} \tag{4.3}$$

수습윤성이 증가하면 δ_w 이 1에 접근하고 $\delta_o \rightarrow 1$, $\delta_w \rightarrow 0$ 이면 유습윤성을 의미한다. 중립 습윤 코어일 경우 두 값이 모두 0이 된다. Amott 방법의 단점은 중립 습윤도 부근에서 민감도가 떨어진다는 점이다.

Amott-Harvey의 **상대대체지수**(相對代替指數, relative displacement index)는 이 두 값을 결합하여 완전 수습윤은 1, 완전 유습윤은 −1의 값을 갖는다. 측정한 모든 체적을 결합하여 다음과 같이 **습윤도지수**(濕潤度指數, wettability index) WI를 계산한다.

$$\mathrm{WI} = \frac{V_{o1}}{V_{o1} + V_{o2}} - \frac{V_{w1}}{V_{w1} - V_{w2}} = \delta_w - \delta_o \tag{4.4}$$

$0.3 \le \mathrm{WI} \le 1$ 이면 수습윤, $-0.3 \le \mathrm{WI} \le 0.3$ 이면 중간 습윤, $-1 \le \mathrm{WI} \le -0.3$ 이면 유습윤으로 간주한다.

4.3.3 USBM 습윤도 지수

USBM 습윤도지수법(USBM wettability index)은 미국 광무부(美國 鑛務部, U.S. Bureau of Mines, USBM)가 개발한 방법으로 두 가지 방법으로 측정한 모세관압 곡선에 기반을 두고 있다. 모세관 압력 측정은 이 장의 후반부에 설명되어 있다.

- 불감소 물 포화율에서 시작하여 잔류 오일 포화율까지 염수로 오일을 대체
- 반대 방향으로 오일을 대체

USBM 측정법은 한 유체가 다른 유체를 대체하는데 필요한 일을 비교하는 것이다. 습윤

유체가 비습윤 유체를 대체하는데 필요한 일은 반대 방향의 대체 시보다 작다. 필요한 일은 모세관 곡선 하부의 면적에 비례한다. 모세관 곡선 하부의 면적비를 이용하여 다음과 같이 습윤도지수를 계산한다.

$$W = \log\left(\frac{A_1}{A_2}\right) \tag{4.5}$$

여기에서 A_1, A_2는 각각 물 대체, 오일 대체 곡선 하부의 면적이다. 수습윤, 중간 습윤, 유습윤의 예를 그림 4.5에 나타냈다.

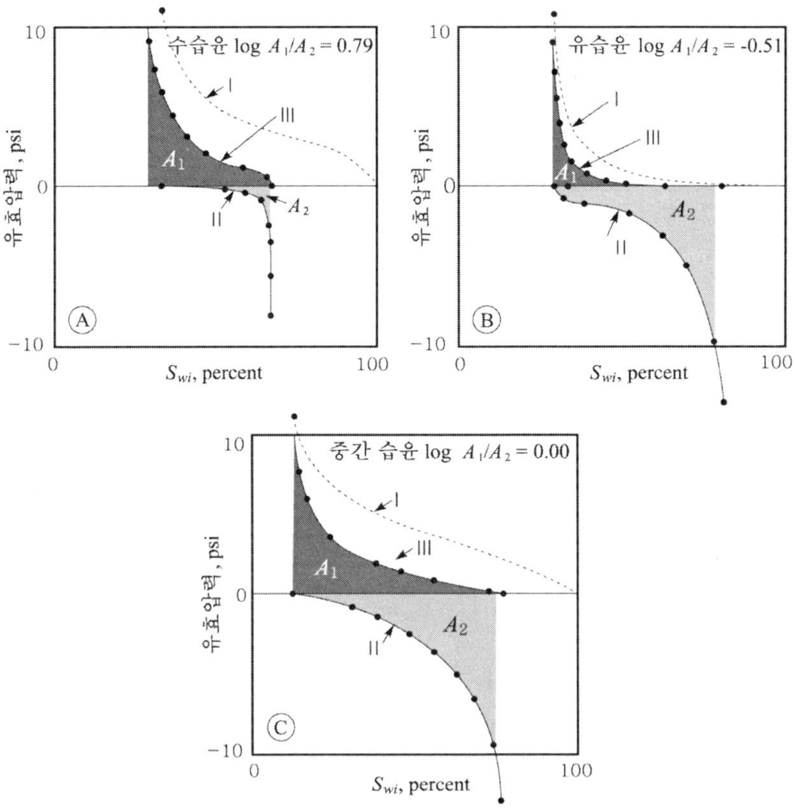

그림 4.5 수습윤, 유습윤, 중간 습윤 코어 시료의 USBM 습윤도 측정

4.4 접촉각과 계면장력

저류층 내에 두 개의 비혼합 유체(오일과 물)가 존재하면 σ_{os} , σ_{ws} 및 σ_{ow} 으로 나타낼 수 있는 세 개의 계면장력 인자가 있다. 그 세가지 계면장력은 독립적인 인자들이 아니며 그들 사이의 관계를 나타내기 위해서 그림 4.6에 보이는 것과 같이 수습윤 저류층 위에 위치시킨다. 이 오일에 의해 둘러싸인 작은 물방울에 실험을 수행한다.

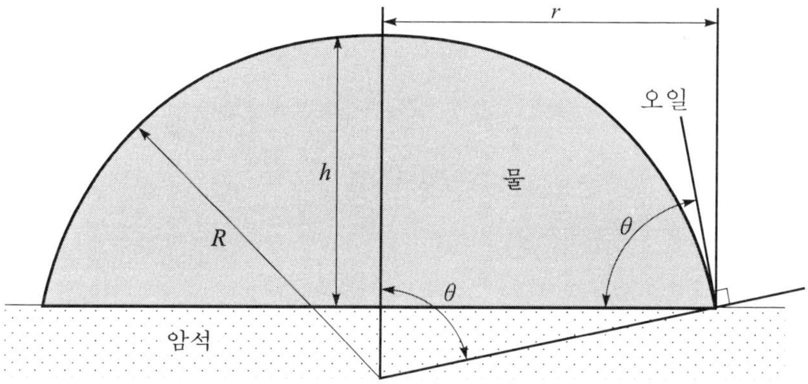

그림 4.6 수습윤 저류암과 접촉하고 있는 오일 내 물방울의 형상

다음의 정의가 사용될 것이다:

- 오일과 고체 간 표면장력 : σ_{os}
- 물과 고체 간 표면장력 : σ_{ws}
- 오일과 물 상 간 계면장력 : σ_{ow}
- 오일-물-고체 계면에서 물을 통해 측정되는 접촉각: θ
- 물방울의 표면적 : A_d
- 물방울에 의해 점유되는 저류암의 면적 : A_s

물방울은 주위 매체들과 평형상태에 있다고 추측된다. 표면적의 작은 변형은 물방울을

약간 변형 시키고 고체표면으로 팽창하도록 할 것이다. 이 변형은 면적의 변화로 인한 에너지 변화로 나타내는 평형 방정식으로 묘사할 수 있다.

$$\sigma_{ws} dA_s + \left(-\sigma_{os} dA_s\right) + \sigma_{ow} dA_d = 0 \tag{4.6}$$

그림 4.6을 참고하면 식 4.6의 각 항은 다음 관계가 성립한다.

$$A_s = \pi r^2 \;\Rightarrow\; dA_s = 2\pi r dr \tag{4.7}$$

$$A_w = \pi\left(r^2 + h^2\right) \;\Rightarrow\; dA_w = 2\pi\left(rdr + hdh\right) \tag{4.8}$$

$$V_w = \frac{\pi h}{6}\left(3r^2 + h^2\right) \tag{4.9}$$

비압축성 유체의 경우

$$dV_w = \frac{\partial V_w}{\partial r} dr + \frac{\partial V_w}{\partial h} dh = 0 \tag{4.10}$$

이므로 다음과 같이 된다.

$$dh = -\frac{2rh}{h^2 + r^2} dr \tag{4.11}$$

이 결과를 사용하여 식 4.6을 다시 쓰고

$$\sigma_{ws} - \sigma_{os} + \sigma_{ow}\left(1 - \frac{2h^2}{h^2 + r^2}\right) = 0 \tag{4.12}$$

다음 관계를 고려하면

$$R\sin\theta = r \tag{4.13}$$

$$R\sin\theta = R - h \tag{4.14}$$

$$\left(1 - \frac{2h^2}{h^2 + r^2}\right) = \cos\theta \tag{4.15}$$

최종 결과를 얻을 수 있다.

$$\sigma_{os} - \sigma_{ws} = \sigma_{ow} \cos\theta \tag{4.16}$$

이 식을 Young-Dupre 방정식이라 한다.

4.5 모세관 압력

모세관 압력(毛細管 壓力, 모세관압)은 두 개의 비혼합 유체 사이의 곡면 계면에 걸친 압력 차로 정의한다. 관례적으로 p_c는 비례한 비혼합 유체 쌍에 대하여 양수이다. p_c는 비습윤상과 습윤상 간의 압력 차로 정의 한다.

물과 오일의 밀도가 유사하다고 가정하고 그림 4.7과 같이 물에 떠 있는 오일 방울의 예를 이용하여 모세관 압력을 쓰면

$$p_c = p_o - p_w \tag{4.17}$$

이 된다.

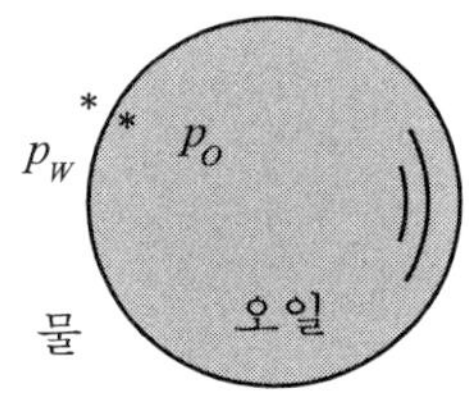

그림 4.7 곡면 경계면에 걸친 압력차

방울이 작은 경우 표면적이 최소화되고 물방울은 완벽한 구체의 형태를 보이기 때문에 방울에 작용하는 중력보다 계면장력이 훨씬 중요하다고 가정할 수 있다. 작은 교란, 즉 구체 체적의 작은 감소는 체적과 표면의 변화로 인한 에너지의 변화를 고려한 방정식으로 나타낸다. 평형 상태는 위치 및 표면에너지의 변화로 표현된다.

$$p_w dV + \sigma_{ow} dA = p_o dV \tag{4.18}$$

이 식에 모세관 압력 p_c 의 정의를 대입하면 다음 방정식을 얻는다.

$$p_c = \sigma_{ow}\frac{dA}{dV} = \sigma_{ow}\frac{dA}{dV} = \sigma_{ow}\left(\frac{dV}{dr}\right)^{-1} = \sigma_{ow}\frac{8\pi r}{4\pi r^2} = \sigma_{ow}\frac{2}{r} \tag{4.19}$$

모세관 압력은 다공성 경로를 통과하는 방울을 형성하는데 필요한 에너지이기 때문에 상당히 클 수 있다. 공극 반경과 오일-물 간 계면장력의 전형적인 값을 이용하면 다음과 같이 모세관 압력을 얻을 수 있다.

$$r \sim 1\ \mu\text{m} \text{ 그리고 } \sigma_{ow} = 0.025\frac{\text{N}}{\text{m}} \Rightarrow p_c \cong 10^4\frac{\text{N}}{\text{m}^2} = 0.5 \text{ bar}$$

4.5.1 곡면에 걸친 모세관 압력

물리적으로 두 개의 비혼합 액체간에 구형 경계면은 보기 어렵다. 보통 곡면은 그림 4.8에서 볼 수 있듯이 두 개의 곡률반경 R_1과 R_2로 그 특성을 나타낼 수 있다.

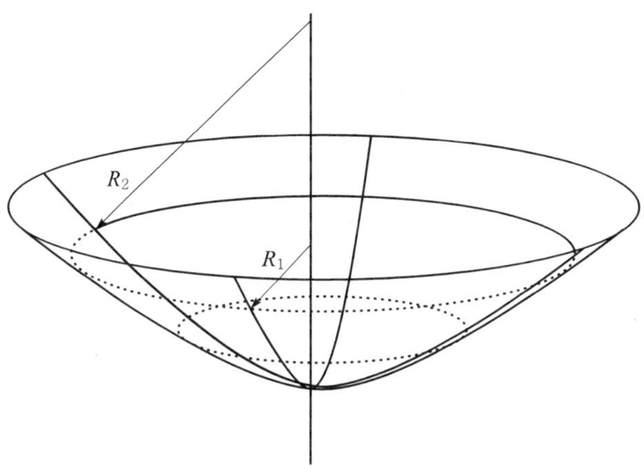

그림 4.8 곡면과 곡률반경

두 상간 계면에 걸친 압력 차로 인해 계면은 오목한 측에 더 큰 압력으로 순 곡률을 보여준다. 압력차 $\Delta p = p_c$ 와 곡률 간의 관계는 Laplace 방정식에 의해 주어진다.

$$p_c = \sigma\left(\frac{1}{R_1} + \frac{1}{R_2}\right) \tag{4.20}$$

여기에서 R_1 과 R_2 는 주 곡률반경이고 σ 는 계면장력이다. 구형 방울의 경우 R_1 과 R_2 이 같기 때문에 $\Delta p = \frac{2\sigma}{r}$ 로 나타낼 수 있다. 평면 계면의 경우 $R_1 = R_2 = \infty$ 이기 때문에 $\Delta p = 0$ 이다.

예제

다공성 매체 내 물의 대체 과정은 모세관 공극 협로와 같은 크기의 방울형성과 비슷하다. 수증기에 대한 물의 표면장력이 0.073 mN/m 일 때 순수한 물 1 cm^3를 평균 반경 1 μm 인 방울로 변형시키는데 필요한 에너지는 얼마인가?

■ 풀이

문제의 에너지는 초기 체적 V 의 물 표면 A 를 면적 A_d , 체적 V_d 의 N 개 방울로 증가시키는데 필요한 에너지이다.

면적의 증가는

$$\Delta A = N \cdot A_d - A = \frac{V}{V_d} A_d - A = \frac{3}{r} V - A$$

작은 물방울의 면적과 체적은 각각 $4\pi r^2$ 과 $(4/3)\pi r^3$ 이다.

ΔA 의 증가는 포텐셜 에너지 ΔE_p 의 증가와 비례하기 때문에 식 4.1로 표현한다.

$$\Delta E_p = \sigma_{\text{air},w} \Delta A = \sigma_{\text{air},w}\left(\frac{3}{r} V - A\right)$$

초기 물 면적은 방울의 면적에 비하여 작은(무시해도 좋은)것으로 간주하면 포텐셜 에너지는 대략 0.22 J 정도이다. ■

4.5.2 원통형 관내 모세관 압력

수습윤 다공암 내에서 오일이 물을 대체할 때와 같이 비습윤 유체가 습윤 유체를 대체할 때 모세관 내에서 곡면 계면이 형성된다. 원통형 관에서 계면장력과 반경 그리고 모세관 압력 관계를 나타내기 위해 두 가지의 비혼합 유체(오일과 물)는 그림 4.9에서 보이는 것처럼 반경 r_c 의 원통형 모세관 반경 내에 구성된다.

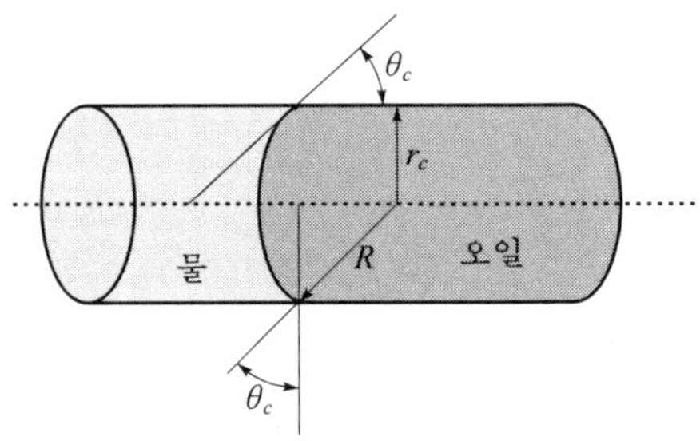

그림 4.9 곡면 계면을 형성하는 비혼합 유체로 채워진 공극로의 이상적 모형

계면 양단의 압력 차를 구하기 위해 식 4.20을 사용하면

$$p_o - p_w = \sigma_{ow}\left(\frac{1}{R_1} + \frac{1}{R_2}\right) \tag{4.21}$$

R_1 과 R_2 는 원통형 관 내 접촉각 θ_c 와 모세관 반경 r_c 로 계면 반경 R 을 표현하는 주곡률 반경이다. $R_1 = R_2 = R$ 이고

$$R = \frac{r_c}{\cos\theta_c} \tag{4.22}$$

이므로 모세관 압력은 다음과 같이 쓰여진다.

$$p_c = p_o - p_w = \sigma_{ow}\left(\frac{1}{R_1}+\frac{1}{R_2}\right) = \frac{2\sigma_{ow}\cos\theta_c}{r_c} \tag{4.23}$$

식 4.23은 반경 r_c 인 원통관 내 모세관 압력이다.

다공성 매체에서의 대체 과정은 종종 점성력과 모세관력 간의 관계로 설명할 수 있다. 원통형 관에서 오일이 물을 대체하는 과정을 고려하면 이는 초기에 물을 함유하고 있는 모세관 공극을 통하여 오일이 이동하는 수습윤 저류층으로부터의 오일 생산과 유사하다.

그림 4.10처럼 오일 경계면이 원통관(공극) 안에서 x 까지 도달한 동적 상황을 고려하자. 원통관을 따라 압력강하는 오일과 물영역에서 점성 압력강하 $\Delta p_o + \Delta p_w$ 와 오일 물의 계면에 걸친 모세관 압력 강하 p_c 이다.

$$\Delta p_v = \Delta p_o + \Delta p_w = \frac{q}{Ak}\left[\mu_o x + \mu_w (L - x)\right]$$

$$p_c = \frac{2\sigma_{ow}\cos\theta}{r}$$

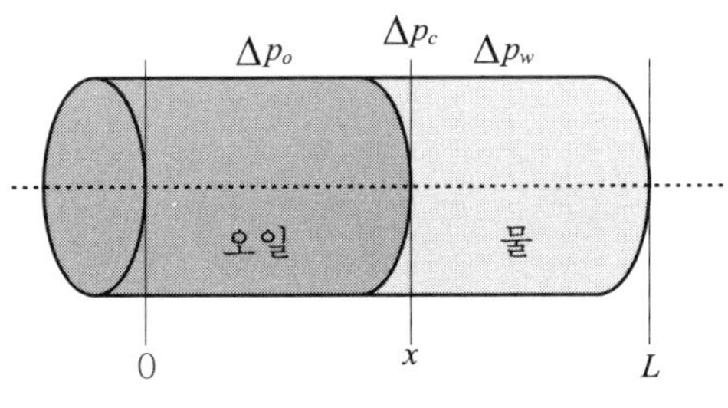

그림 4.10 원통형 "공극로"의 단면도

유동율은 $q = Av$ 인데 여기에서 A 와 v 는 각각 단면적 및 공극 속도이다. 관의 투과도는 $k = r^2/8$ 이고 r 은 관 반경이다.

두 힘의 사이의 세기는 단순히 압력강하를 비교하여 고려한다.

$$\frac{\Delta p_v}{p_c} = 4\left[\frac{v\mu_o}{\sigma_{ow}\cos\theta}\frac{x}{r} + \frac{v\mu_w}{\sigma_{ow}\cos\theta}\frac{L-x}{r}\right]$$

이 식에서 $v\mu/(\sigma\cos\theta)$ 관계는 동적 인자를 포함하는 유일한 항이다. Reynolds 수의 정의와 유사한 무차원 수인 모세관 수(毛細管 數, capillary number)를 정의할 수 있다.

$$N_c = \frac{v\mu}{\sigma\cos\theta}$$

모세관수 N_c는 점성력과 모세관력 사이의 비를 나타낸다.

두 힘이 똑같이 중요하다고 가정한 상황, 예를 들어 $\Delta p_v / p_c$ ~1인 경우 전형적인 값의 조합을 선택하면 평균 공극 속도를 구할 수 있다.

$$\left.\begin{array}{l} \Delta p_v / p_c = 1 \\ \theta = 60^\circ \\ L/r = 5 \\ \mu_o \approx \mu_w = 1 \text{ mPa}\cdot\text{s} \\ \sigma_{ow} = 50 \text{ mN/m} \end{array}\right\} v_{\text{pore}} \approx 1.3 \text{ m/s}$$

저류층 유동은 일반적으로 일일 약 1 ft 정도인데 이는 3.5 μm/s에 필적한다. 미시적 유동 양상을 고려할 때 저류층 유동 조건 하에서는 모세관력이 완전히 우세하고 점성력은 보다 작은 영향을 끼치는 것이 분명하다. 실제 적절한 체적속도 $u = \frac{v_{\text{pore}}}{\phi(1-S_r)\cos^2\alpha}$ 를 고려할 때도 마찬가지이다. 이것은 모세관력만으로도 저류층에서 어느 공극로가 접촉될지 어느 공극로가 접촉되지 않을지 결정함을 뜻한다.

위의 수를 사용하면 저류층 유동에 대한 모세관 수는 N_c=1.5×10^{-5}인 반면 모세관력에 대해 점성력이 동등하게 중요해지는 '구분점'에서 모세관 수는 8×10^{-3}이다. 현장 수공법에 대한 모세관 수는 10^{-6}부터 10^{-4}의 범위를 걸친다. 실험실 연구에 따르면 모세관 수의 값은 오일의 최종 회수와 직접적으로 관련이 있다. 모세관 수가 증가하면 오일 회수가 증가한다. 모세관 수는 일반적으로 유동율의 증가(공극속도)와 또는 계면장력의 감소에 의해 변한다.

4.6 모세관 압력과 포화율

배수(排水, drainage)와 침수(沈水, imbibition)에 관한 실험 결과에 따르면 모세관 압력 $p_c = p_o - p_w$는 다음의 인자들에 의존한다는 것을 보여준다.

- 표면장력 : σ_{os} , σ_{ws} , σ_{ow}
- 물 상을 통해 측정되는 접촉각 : θ_c
- 암석 공극률 : ϕ
- 암석 투과도 : k
- 액체 포화율 : S_w와 S_o

각 변수의 정의는 그림 4.11에 제시하였다.

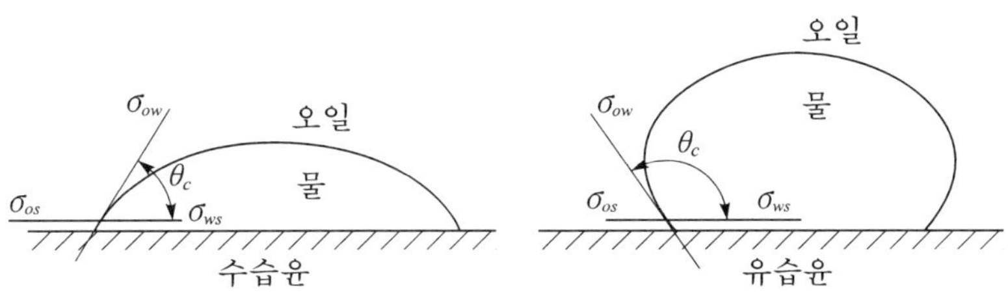

그림 4.11 오일–물–고체 시스템의 습윤도

실험에서 수치변동을 나타내는 모세관 압력 p_c와 위에 언급한 인자들간 상관관계를 정의하고자 한다. 실험에서 얻은 데이터를 통해 다음과 같이 연관성을 표현할 수 있다.

$$p_c = f\left(\phi, k, \sigma_{os}, \sigma_{ws}, \sigma_{ow}, \theta_c, S_o, S_w\right) \tag{4.24}$$

일부 인자들은 다음과 같이 상호 의존적이므로

$$S_o = 1 - S_w$$
$$\sigma_{os} - \sigma_{ws} = \sigma_{ow}\cos\theta_c$$

독립 인자의 목록은 축약되어 식 4.24를 다시 쓸 수 있다.

$$p_c = f(\phi, k, \sigma_{ow} \cos\theta_c, \theta_c) \tag{4.25}$$

식 4.25에 대하여 차원분석을 수행하면 모든 인자에 대해 다음의 차원을 얻는다.

$$[p_c] = M^{-1} \cdot T^{-2}, \ [k] = L^2, \ [\sigma_{ow} \cos\theta_c] = M \cdot T^{-2}, \ [\phi] = 1, \ [S_w] = 1 \tag{4.26}$$

식 4.25 우변의 모든 인자를 비교하면 차원인자 k와 σ_{ow}는 독립적인 차원을 나타낸다. 이는 모세관 압력의 차원을 이 인자들을 통해 정의할 수 있음을 의미한다.

$$[p_c] = [k]^{\alpha} [\sigma_{ow} \cos\theta_c]^{\beta} \tag{4.27}$$

식 4.26의 표기법을 사용해서 최종 관계를 쓰면

$$\begin{aligned} M \cdot L^{-1} \cdot T^{-2} &= L^{2\alpha} \cdot M^{\beta} \cdot T^{-2\beta} \\ M{:}1 &= \beta \\ L{:}-1 &= 2\alpha, \Rightarrow \ \alpha = -1/2 \ \text{그리고} \ \beta = 1 \\ T{:}-2 &= -2\beta \end{aligned}$$

따라서 무차원 인자 F를 구성한다.

$$F = \frac{p_c}{\sigma_{ow} \cos\theta_c} \sqrt{k} \tag{4.28}$$

그리고 이 결과를 사용하여 식 4.25를 무차원 형태로 다시 쓸 수 있다.

$$F = F(\phi, \ S_w) \tag{4.29}$$

또는 초기 표기법을 사용하여 쓰면

$$p_c = \frac{\sigma_{ow}\cos\theta_c}{\sqrt{k}} F(\phi, S_w) \tag{4.30}$$

인자 ϕ과 S_w, 함수들의 상관관계를 나타낸다.

$$p_c = \frac{\sigma_{ow}\cos\theta_c}{\sqrt{k}} F(\phi) F_2(S_w) \tag{4.31}$$

차원 해석(π 법칙)에 따라서 독립변수들의 수는 축소되고 대부분 모세관 압력 p_c, 유체와 암석 인자들 간 상호관계에 대한 식을 얻을 수 있다.

$$p_c = \frac{\sigma_{ow}\cos\theta_c}{\sqrt{(k/\phi)}} J(S_w) \tag{4.32}$$

여기에서 $J(S_w)$은 Leverett에 의해 무차원의 J 함수로 알려져 있다. Leverett에 따르면 동일 지층에서 얻은 코어 플러그들의 모세관 압력 곡선은 그림 4.12에 나타낸 것처럼 다른 물성과 연관시킬 수 있다.

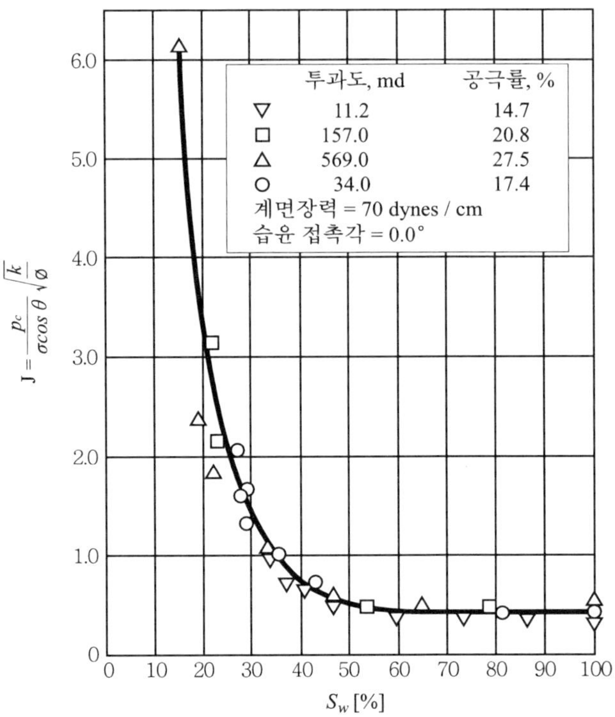

그림 4.12 무차원 J 함수 곡선

4.7 공극 크기 분포

모세관 압력은 $\frac{1}{r}$ 의 관계로 나타나는 공극로 크기의 분포에 매우 큰 영향을 받는다. 모세관 압력은 또한 계면장력과 암석 습윤도와 관련이 있다. 일반적으로 모세관 압력은 저류층 비균질성의 특성이다.

저류층의 모세관 압력과 미시적인 비균질성 사이의 관계를 나타내기 위하여 다음의 보기를 고려한다. 각기 다른 반경인 원통형 모세관으로 구성된 이상적인 다공성 매체의 모델을 고려한다. 동일 유형의 습윤도와 고정된 접촉각을 가진 구간 r, $r+dr$ 에 속하는 공극로의 비율로 정의되는 특정 불변 분배 함수 $x(r)$을 가정한다.

$$x(r) = \frac{n(r,\ r+dr)}{N} \tag{4.33}$$

여기에서 N은 공극로의 총 수이다.

반경 r_i를 가진 단일 모세관의 공극 체적 V_i를 고려하는 다공성 매체의 총 공극 체적을 V라 하면

$$V = \sum_{i=1}^{N} V_i \tag{4.34}$$

이다.

그림 4.13에서 보이는 것처럼 최초 오일로 포화된 강 수습윤 암석에 대한 침수 과정을 고려하자.

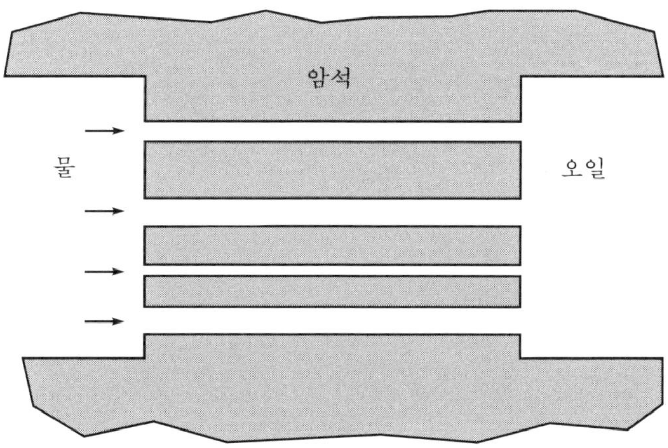

그림 4.13 다공성 매체의 이상화된 모형에 있는 침수 과정

시작 시점에서 오일상의 압력 p_o는 물의 침입을 억제할 수 있을 정도로 충분히 크다고 가정한다. 점차적으로 출구 압력(오일상의 압력)이 감소하면 물은 공극으로 침투할 것이다. 물은 모세관 압력 p_c가 출구와 입구 간 압력 $\Delta p_o(t)$을 초과하는 모세관 경로로만 진입할 것이다. 그러므로 특정 시점에서 다음 조건을 만족시키는 공극만 물로 채워질 것이다.

$$p_c \geq \Delta p_o(t) \tag{4.35}$$

이 부등식에 식 4.23을 대입하면,

$$r_c \leq \frac{2\sigma_{ow}\cos\theta_c}{\Delta p_o(t)} \tag{4.36}$$

다공성 매체로 침투한 물의 체적은 다음과 같이 정의할 수 있다.

$$V_c = N\int_0^{r_c} x(r)\pi r^2 l dr \tag{4.37}$$

여기에서의 l은 공극관의 길이이다.

총공극 체적을 다음과 같이 정의하면

$$V_c = N\int_0^{\infty} x(r)\pi r^2 l dr \tag{4.38}$$

물 포화율 S_w와 모세관 압력 p_c 사이의 관계는

$$S_w = \frac{V_c}{V} = \frac{\int_0^{r_c} x(r) r^2 dr}{\int_0^{\infty} x(r) r^2 dr} \tag{4.39}$$

$$p_c = \frac{2\sigma_{ow}\cos\theta_c}{r_c} \tag{4.40}$$

가 된다. 미시적인 저류층 불균질성이 모세관 압력에 큰 영향을 미치는 것을 명백히 나타낸다.

공극 크기 분포는 저류층에 있는 다른 층 사이에서 변화하기 때문에 모세관 압력 곡선 모양이 또한 층마다 변화할 것으로 예상되다. 이러한 현상은 동일정 내 다른 위치에서 채취한 코어 시료에 대하여 수은 주입기법을 통한 실험실 시험에서 종종 관측된다.

수은 배출 실험의 데이터로부터 모세관 압력 곡선의 생성하는 방법과 이 데이터를 이용하여 코어 시료의 공극 크기 분포를 결정하는 법을 소개할 것이다.

첫째, 청정 코어 시료를 수은 비중병에 밀봉하기 전에 완전하게 건조시키고 일정시간 동안 진공상태에 둔다. 공극 시료에 수은을 침투시키면서 $(N+1)$회의 비중병 내 대표 압력 측정치 p_i와 주입체적 V_i를 읽는다. 실험실 데이터는 다음과 같다.

p_{Hg}	p_0	p_1	p_2	p_3	…	p_N
V_{Hg}	V_0	V_1	V_2	V_3	…	V_N

모세관 압력는 코어 시료 내 수은 압력 p_{Hg}와 기체압력 p_g 사이의 압력 차이다.

$$p_c = p_{Hg} - p_g = \frac{2\sigma\cos\theta}{r}$$

수은은 확실히 어떠한 코어 시료도 적시지 않기 때문에 가스는 습윤상이다. 따라서 습윤 포화율은

$$S_g = 1 - S_{Hg} = \frac{V_N - V_i}{V_N - V_0}$$

로 쓸 수 있다. 상기 표의 자료를 기초로 하여 다음의 인자를 계산한다.

S_g	1	S_1	S_2	S_3	…	0
r	r_0	r_1	r_1	r_3	…	r_N
p_c	$p_{c,0}$	$p_{c,1}$	$p_{c,2}$	$p_{c,3}$	…	$p_{c,N}$

공극 크기 분포 $D(r)$은 공극 협로 반경의 함수로 공극 체적의 상대적 증가를 나타낸다.

$$D(r) \overset{\text{def}}{=} -\frac{1}{\Delta V}\frac{dV}{dr}$$

여기에서 $\Delta V = V_N - V_0$ 와 $dV = V_i - V_{i-1}$ 는 상기 표에서 얻는다. 음의 부호 "−"는 편의상 추가된다.

공극 크기 분포를 다시 쓰면,

$$D(r) = -\frac{1}{\Delta V}\frac{1}{dr}\frac{\partial V}{\partial S}\frac{\partial S}{\partial p_c}dp_c$$

습윤상 포화율의 정의 $S_g = \dfrac{V_N - V}{V_N - V_o}$ 를 이용하여 다음과 같이 쓸 수 있다.

$$\frac{\partial S}{\partial V} = -\frac{1}{\Delta V} \quad \Rightarrow \quad \frac{\partial V}{\partial S} = -\Delta V$$

이를 공극 크기 분포 방정식에서 대입하면

$$D(r) = \frac{1}{dr}\frac{dp_c}{\dfrac{\partial p_c}{\partial S}}$$

이고 모세관 압력의 정의 $p_c = \dfrac{2\sigma\cos\theta}{r}$ 을 사용하면

$$dp_c = \frac{\partial p_c}{\partial r}dr = -\frac{p_c}{r}dr$$

이 된다. 이 식을 공극 크기 분포에 대입하면

$$D(r) = -\frac{p_c}{r}\frac{1}{\dfrac{\partial p_c}{\partial S}}$$

이다.

그림 4.14는 각각 모세관 압력 및 공극 크기 분포 곡선을 보여준다. $p_c(S_g)$ 를 알 때 $D(r)$ 는 다음 단계를 사용하여 얻을 수 있다.

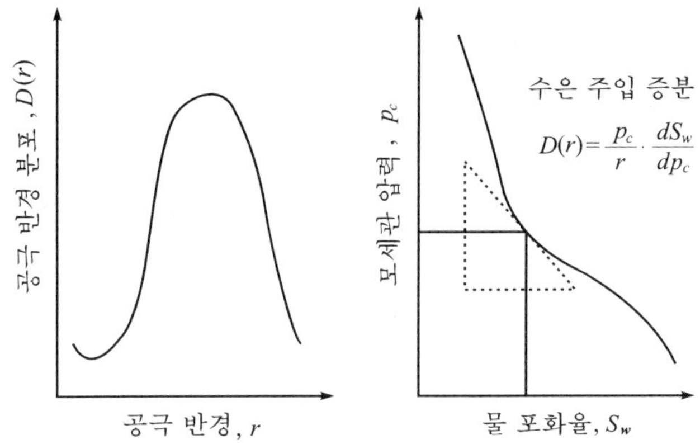

그림 4.14 모세관 압력 곡선과 대응하는 공극 크기 분포

1. 특정 가스 포화율 S_g 에서 대응하는 모세관 압력 $p_c(S_g)$ 를 계산한다.
2. 이 압력과 연관된 공극 반경은 $r = \dfrac{2\sigma\cos\theta}{p_c}$ 이다.
3. $S_g, p_c(S_g)$ 좌표계를 통한 곡선 $p_c(S_g)$ 의 접선은 $\dfrac{\partial p_c}{\partial S}$ 로 정의된 기울기를 나타낸다.

그림 4.14에서 공극 크기 분포는 순차적으로 구해진다.

4.8 저류층의 포화율 분포

생산 전 석유 저류층 내 평형 유체 포화율 분포는 공극 공간 특성에 의해 결정된다. 이것은 일반적으로 비습윤상인 탄화수소가 근원암 영역에서 저류층 트랩으로 이동하는 동안 습윤 액체인 물로 포화된 공극으로 진입하기 때문에 발생하는 결과이다. 비습윤상이 습윤상을 대체하기 위하여 압력 차이가 필요한데 이것은 발단(최저)(發端, threshold) 모세관 압력과 같고 공극 크기에 의존한다.

오일 저류층 내 압력의 물리적인 중요성은 그림 4.15에서 보여지는 것처럼 개방된 물 접시에 매달린 서로 다른 수직 유리관에서 물의 모세관 상승과 유사하다. $p_c \propto \frac{1}{r}$ 이므로 비습윤상은 가장 높은 압력이 생기는 최소관에 진입하기가 가장 어렵다. 물-공기 시스템에서 $p_c = g\rho_w h$ 이므로 $r_3 < r_3 < r_1$ 인 경우 다음의 관계가 성립한다.

$$p_{c(3)} > p_{c(2)} > p_{c(1)} \tag{4.41}$$

저류층에서 발단 모세관 압력은 100% 물 포화율이 나타내는 자유 수면 상부의 높이에 비례한다.

FWL은 저류층 시스템의 특성인 반면 특정 유정에서 관찰된 오일-물 경계면은 유정 인근에 존재하는 암석 유형에 따른 발달 압력에 의존한다.

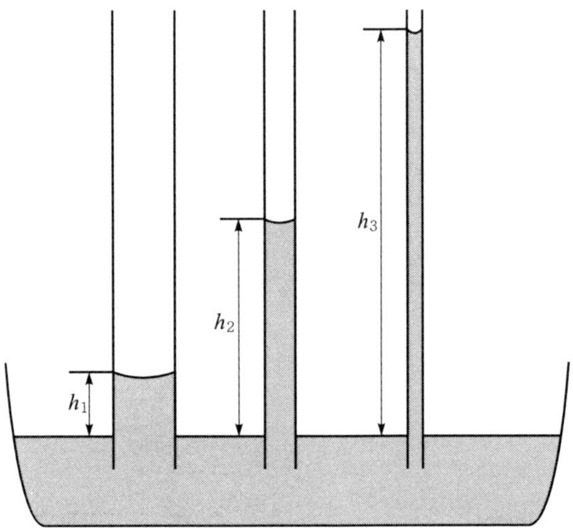

그림 4.15 관의 반경과 원통 모세관 내 물 높이

자유수위 상부 고도와 모세관 압력 사이 관계는 중력과 모세관력의 평형을 고려하여 유도한다. 자유수위를 기준면으로 사용하여 오일상 압력 p_o와 수상 압력 p_w가 같아지는 저류층 내 위치를 정의하면

$$p_{c(FWL)} = p_o - p_w = 0 \tag{4.42}$$

이다. FWL 상부 높이 h에서 압력은

$$p_o = p_{FWL} - \rho_o gh \tag{4.43}$$

$$p_w = p_{FWL} - \rho_w gh \tag{4.44}$$

그러므로 FWL 상부 h와 등가인 심도에서 모세관 압력은

$$p_c = p_o - p_w = (p_{FWL} - \rho_o gh) - (p_{FWL} - \rho_w gh) = gh(\rho_w - \rho_o) \tag{4.45}$$

이다. $p_c = p_c(S_w, r)$이기 때문에 다음과 같은 의존성이 존재한다.

$$h = h(S_w,\ r) \tag{4.46}$$

이 식은 높이 h가 물 포화율과 공극 반경 모두에 의존함을 나타낸다.

$$h_{sw} = \frac{2\sigma_{ow}\cos\theta}{rg(\rho_w - \rho_o)} \tag{4.47}$$

유사하게 발단 고도(發端 高度, threshold height) h_t는 FWL 상부에서 관찰된 물-오일 경계면의 고도와 같다. 특정 암석 유형에서 이 고도는 다음과 같이 주어진다.

$$h_t = \frac{p_{ct}}{g(\rho_w - \rho_o)} \tag{4.48}$$

실제 저류층 시스템에서는 다수의 암석 유형 단위 또는 층을 만나게 된다. 그림 4.16에 나타난 것처럼 각 단위는 고유한 모세관 압력 특성이 있을 수 있고 저류층 내 정적 포화율 분포는 모든 단위의 중첩이다.

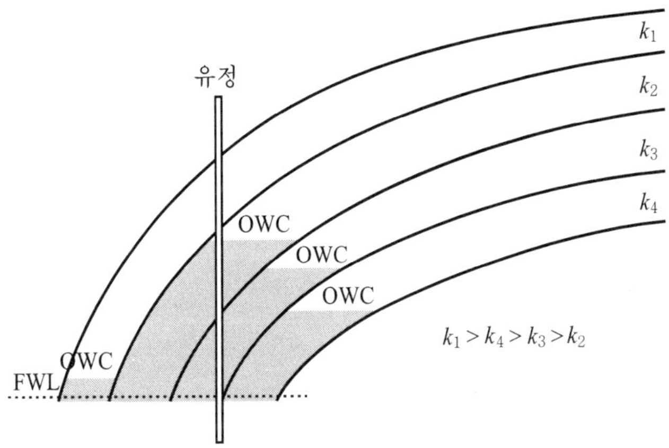

그림 4.16 공동 대수층을 가진 층상 저류층에서 관찰된 물-오일 접촉면과 자유수위(FWL)간의 관계

저류층 내 FWL 상부의 물의 높이는 공극 차원(공극 반경)과 연관된다. 그림 4.17에서 보이는 것처럼 수직 수습윤 모세관에서의 평형은 오일이 비습윤성 액체인 저류층 내 물 포화율과 관련되어 있다.

오일이 접촉 액체로서 물을 대체할 때 작은 수위변화 Δh 에 대하여 관 표면의 작은 부분은 유체 포용률(fluid coverage)의 변화를 보일 것이다. 모세관의 작은 부분에서 있는 물을 대체하는 오일에 의해 야기된 표면 에너지의 변화는(그림 4.13의 확대 그림) 표면장력(또는 표면 에너지)의 차이로 주어진다.

$$\Delta E_s = 2\pi r(\sigma_{os} - \sigma_{ws})\Delta h$$

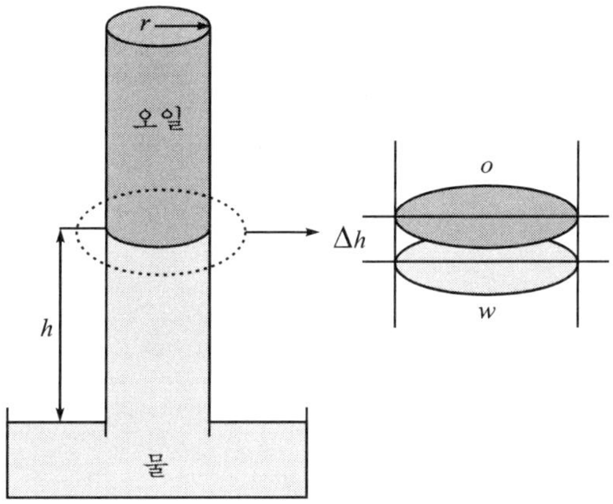

그림 4.17 수습윤 모세관에서 평형 주위의 섭동

높이의 변화로 인한 위치에너지의 변화는 다음과 같다.

$$\Delta E_p = \pi r^2 \Delta h \left(\rho_w - \rho_o\right) gh$$

평형에 가까운 작은 수위 변화를 고려하면 표면에너지와 위치에너지의 변화는 동일할 것이다($\Delta E_s = \Delta E_p$). Young-Dupre 방정식을 사용하면 다음의 관계가 주어진다.

$$\sigma_{ow} \cos\theta = \frac{g}{2}\left(\rho_w - \rho_o\right) rh$$

유체가 잘 정의되어 밀도와 오일-물 계면장력은 알고 있는 오일 저류층에서 공극 반경 h 와 FWL 상부의 높이 h 는 역상관이다. 이것은 저류층 내 특정 높이 h 이상에서 존재하는 초기 물 포화율은 r 보다 작은 반경의 공극에서만 국지적으로 존재한다.

상기 고찰로부터 모세관 압력은 이중의 특성을 갖는다는 것을 알 수 있다.

$$p_c = g\left(\rho_w \rho_o\right) h = \frac{2\sigma_{ow} \cos\theta}{r}$$

여기에서 모세관 압력은 저류층 내 특정 높이 h 에서 오일과 물 사이의 압력차인 동시에 반경 r 인 공극로 내부의 곡면에 걸친 압력차이다. 이러한 모세관 압력의 이중적 성질은 다공성 암석에서 오일과 물의 공존성의 조건을 부여한다.

4.9 모세관 압력의 측정

모세관 압력의 실험실 측정은 $p_c \propto \frac{\sigma \cos\theta}{r}$ 에 근거를 둔다. 여기에서 r 은 공극로 및 공극 크기 분포에 대하여 다공성 매체를 특성화한다. 주어진 다공성 매체와 유체쌍에 대하여 다음의 관계가 성립한다는 것을 의미한다.

$$\frac{p_{c1}}{(\sigma \cos\theta_c)_1} = \frac{p_{c2}}{(\sigma \cos\theta_c)_2} \tag{4.49}$$

저류층 조건 외의 실험을 수행할 때 이 관계식을 사용한다. 예를 들어 $(\sigma \cos\theta_c)_{\text{lab}}$ 이 72 dynes/cm인 공기-염수는 실험실에서 공기-염수의 모세관 압력을 측정할 때 사용한다. 저류층 오일-염수 쌍 모세관 압력의 관계는 $(\sigma \cos\theta_c)_{\text{res}} = 26$ dynes/cm의 값을 사용하여 얻는다.

$$p_{c,\text{res}} = p_{c,\text{lab}} \frac{(\sigma \cos\theta_c)_{\text{res}}}{(\sigma \cos\theta_c)_{\text{lab}}} \tag{4.50}$$

4.9.1 다공판 법

초기에 물로 채워진 저류층 암석에 탄화수소의 이동 이후 평형 수직 포화율 분포는 습윤상을 대체하는 비습윤상으로 실험실에서 모델링한다. 공기와 염수는 종종 유사 저류층 유체(類似 貯溜層 流體, pseudo reservoir fluid)로 사용되고 반투과성 다공성 막 위에 놓인 물로 포화된 코어 플러그에 일련의 단계로 공기압력을 증가시키면서 상의 대체에 영향을 미친다. 압력($p_c = p_{\text{air}} - p_{\text{brine}}$ 이므로 p_c 와 등가)을 증가시키면 물 포화율은 감소하고 그 값은 코어 플러그의 중량을 측정하여 결정한다. 실험 장치의 개요도 및 다공판법으로 구축한 모세관 압력 곡선을 그림 4.18에 나타냈다.

다공판법은 매우 정확하고 저류층 유체를 사용할 수 있는 장점이 있으나 측정 시간이 길고 다공성 판의 대체 압력에 의해 모세관 압력 범위가 제한된다는 단점이 있다.

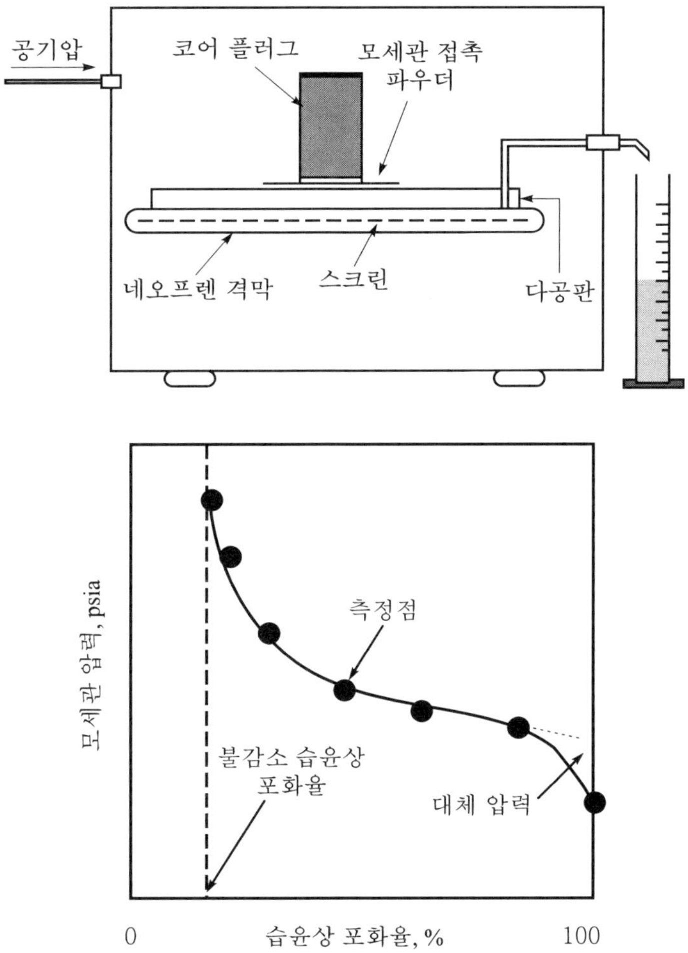

그림 4.18 다공판법을 이용한 기체-액체 배수 모세관 압력 측정

4.9.2 수은 주입법

그림 4.19에 나타난 것과 같이 비습윤상인 수은을 시료에 주입하면서 모세관 압력을 측정하는 방법이다. 주어진 암석 유형에서 공극 크기 분포는 통상적으로 수은 주입 실험을 통하여 결정한다. 공기에 대하여 비습윤상인 수은을 매우 작은 공극으로 주입한다. 이 실험은 시료를 재사용할 수 없는 단점이 있으나 빠른 시간 내에 비교적 정확한 결과를 얻을 수 있고 고압을 형성할 수 있다는 장점이 있다.

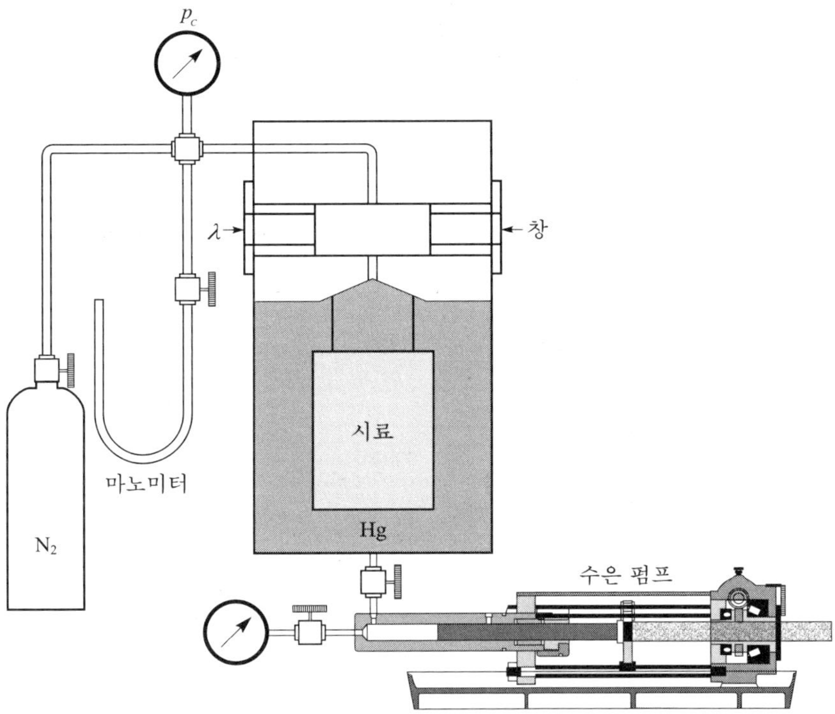

그림 4.19 모세관 압력 측정을 위한 수은 펌프 장비

4.9.2 원심분리법

실험실 실험에서 최종 불감소 습윤상 포화율 값은 종종 다공성 판의 붕괴압력을 초과하므로 때때로 약 150 psi (10.34 bar)와 동등한 회전력에서 회전하는 **원심분리기**(遠心分離器, centrifuge)로 생산된 습윤상의 양을 측정함으로써 얻는다. 습윤상으로 포화된 시료를 원심분리기 컵에 넣고 일련의 각속도로 회전시킨다(그림 4.20). 개별 속도마다 평형상태에서 대체된 습윤 유체의 양을 측정하여 모세관 압력과 포화율간의 관계를 유도한다.

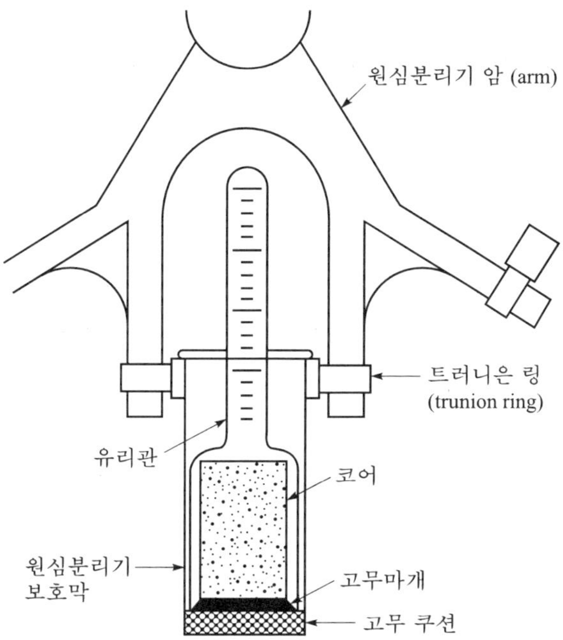

그림 4.20 모세관 압력을 측정하기 위한 원심분리기 내 코어와 튜브의 위치

물이 습윤상이고 오일이 비습윤상인 오일-물 시스템의 경우 평형상태에서 각상의 압력구배는 다음과 같이 주어진다.

$$\frac{dp_w}{dr} = -\rho_w \omega^2 r \tag{4.51}$$

$$\frac{dp_o}{dr} = -\rho_o \omega^2 r \tag{4.52}$$

여기에서 ω는 원심분리기의 각속도[rad/s]이다. 두 식의 차를 구한 후 적분하면

$$\frac{dp_c}{dr} = -\left(\rho_w - \rho_o\right)\omega^2 r = -\Delta\rho\omega^2 r \tag{4.53}$$

$$p_c = -\frac{\Delta\rho\omega^2 r^2}{2} + C \tag{4.54}$$

이 된다. Hassler-Brunner 경계조건($r = r_2$ 에서 $p_c = 0$)을 적용하면 임의 r 에서의 모세관 압력을 구할 수 있다.

$$p_c = -\frac{\Delta\rho\omega^2}{2}\left(r_2^2 - r^2\right) \tag{4.55}$$

여기에서 r_2 는 회전 중심에서 측정한 코어 출구면까지의 거리이다(그림 4.21). 원심분리기 실험에서 최고 모세관 압력은 입구면에서 발생하며 다음과 같이 주어진다.

$$p_{c1} = -\frac{\Delta\rho\omega^2}{2}\left(r_2^2 - r_1^2\right) \tag{4.56}$$

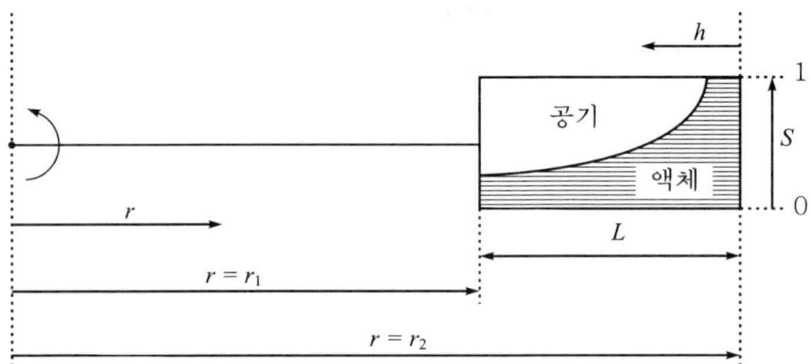

그림 4.21 원심분리기 내 코어와 경계 조건

원심분리기 실험 중 코어 내 물 포화율은 입구부 r_1 에서 최소이며 출구부 r_2 에서 1이 된다. 입구부에서의 물 포화율은 각 속력에서 대체된 물의 양으로부터 결정된 평균 물 포화율로 추정할 수 있다. 코어 내 평균 물 포화율은

$$\bar{S}_w = \frac{\int_{r_1}^{r_2} S_w dr}{r_2 - r_1} \tag{4.57}$$

이고 양변에 $\Delta\rho\omega^2 r_1$ 을 곱하여 재정렬하면 다음과 같다.

$$\Delta\rho\omega^2 L r_1 \bar{S}_w = \int_{r_1}^{r_2} S_w \Delta\rho\omega^2 r_1 dr \tag{4.58}$$

여기에서 L 은 코어 길이이다. r_1 과 r_2 에 비하여 L 은 작기 때문에 $\Delta\rho\omega^2 L r_1$ 은 근사적으로 p_{c1} 과 동일하고 $\Delta\rho\omega^2 r_1$ 은 dp_{c1} 과 동일하므로

$$p_{c1}\bar{S}_w = \int_0^{p_{c1}} S_w\left(p_c\right) dp_c \tag{4.59}$$

이 된다. 이 식을 미분하면 입구부 물 포화율을 얻을 수 있다.

$$S_{w1} = \frac{d\left(p_{c1}\bar{S}_w\right)}{dp_{c1}} \tag{4.60}$$

$$S_{w1} = \bar{S}_w + p_{c1}\frac{d\bar{S}_w}{dp_{c1}} \tag{4.61}$$

그림 4.22에 이 과정을 모식적으로 제시하였다.

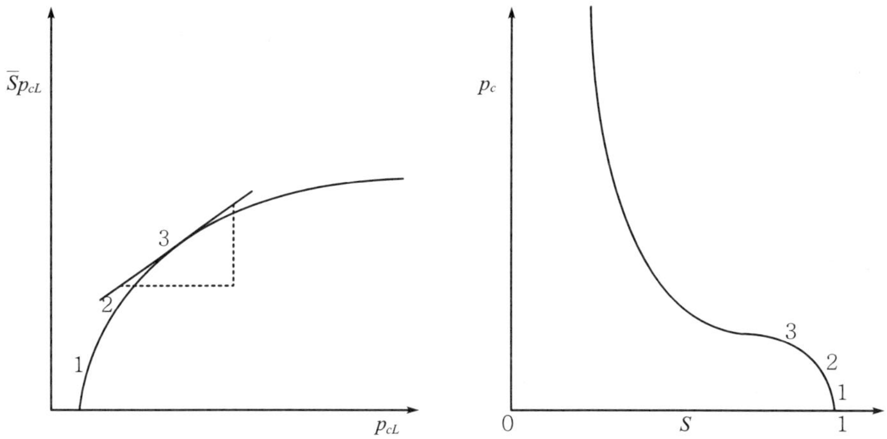

그림 4.22 $p_{c1}\bar{S}_w - p_{c1}$ 곡선으로부터 $S_w - p_c$ 곡선의 결정

예제

■ 물-오일 천이영역의 높이

실험실 공기-염수 모세관 압력이 잔류 물 포화에서 저류층 코어 시료의 1.25 bar로 측정되었다. 공기-염수 계면장력은 0.070 N/m이고 저류층 유체에 대한 염수-오일 계면장력은 0.022 N/m이다. 물-오일 천이영역의 높이는 얼마인가?

■ 풀이

물-오일 천이 지역의 높이는 FWL로부터 원생수 포화가 도달되는 저류층 내 있는 지점까지의 높이다.

$$h_{\text{res}} = \frac{p_{c,\text{res}}}{g(\rho_{\text{brine}} - \rho_{\text{oil}})}$$

여기에서 $p_{c,\text{res}}$ 은 이 물 포화율에서 저류층의 모세관 압력이다. ρ_{brine} 과 ρ_{oil} 은 각각 1,074 kg/m^3 과 752 kg/m^3 이다.

이러한 코어 시료와 저류층에 대하여 동일한 습윤 선호도를 갖는 경우 두 상황에서 모세관 압력과 계면장력 사이에 비례성을 가정할 수 있다.

$$p_{c,\mathrm{res}} = p_{c,\mathrm{lab}} \frac{\sigma_{\mathrm{res}}}{\sigma_{\mathrm{lab}}}$$

두 방정식을 결합하면 천이대의 높이를 알 수 있다.

$$h_{\mathrm{res}} = \frac{\sigma_{\mathrm{res}}}{\sigma_{\mathrm{lab}}} \frac{p_{c,\mathrm{lab}}}{g\left(\rho_{\mathrm{brine}} - \rho_{\mathrm{oil}}\right)}$$

여기에서 $h_{\mathrm{res}} = 12.5$ m이다. ■

4.10 배수 및 침수 과정

둘 이상의 유체가 다공성 매체를 통해 동시에 흐를 때 일반적으로 유체상 압력 p_i는 동일하지 않다. 두 공존상의 압력 차는 모세관 압력으로 정의된다. 모세관 압력은 그림 4.23에 설명되는 것과 같이 통상 국지 계면의 최소 곡률 반경에 의해 결정되는 **계면곡률**(interfacial curvature)에만 반비례한다.

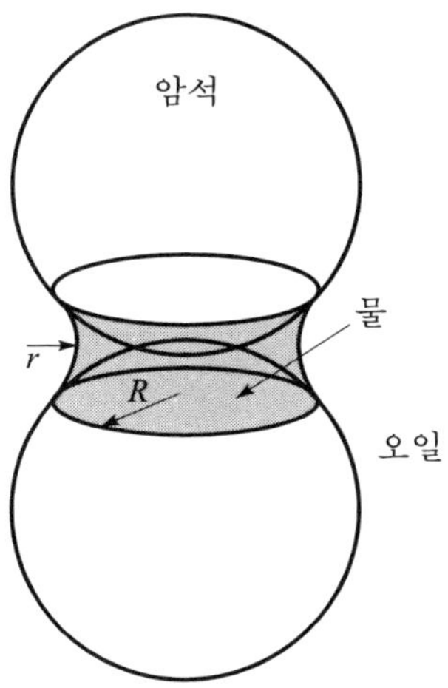

그림 4.23 두 공존 액체 계면의 국지 곡률

이상적인 투과성 매체는 감소하는 공극 크기의 배열(감소하는 크기의 구체 집단으로 경계가 설정된 단일 공극)로 간주하고 습윤상으로 초기 포화된 후 비습윤상이 교대로 주입된다. 비습윤상의 공극 내 주입(비습윤상 포화율 증가)은 배수과정이다. 반대과정(습윤성 포화율 증가)은 **침수**과정이다. 공극의 우측에 습윤 유체에 대한 출구가 있다고 가정한다.

비습윤상 포화율 0에서 시작하여 그림 4.24의 조건 1 포화율까지 주입을 우선 고려한다. 정적 조건에서 출구와 입구 사이의 압력차는 그 포화율에서의 모세관 압력이다. 습윤 유체가 우측에서 공극으로 도입될 때 비습윤 유체는 최대 공극 내 포획 또는 비유동 방울을 남기면서 분리된다(조건 2).

조건 1부터 2까지 모세관 압력 곡선은 다른 포화율에서 종료되기 때문에 $(p_c = 0)$ 배수 곡선과 다른 침수 곡선이다. 정적 조건 2에서 두 압력은 동일 습윤상에서 측정되기 때문에 입구와 출구의 압력차는 0이다.

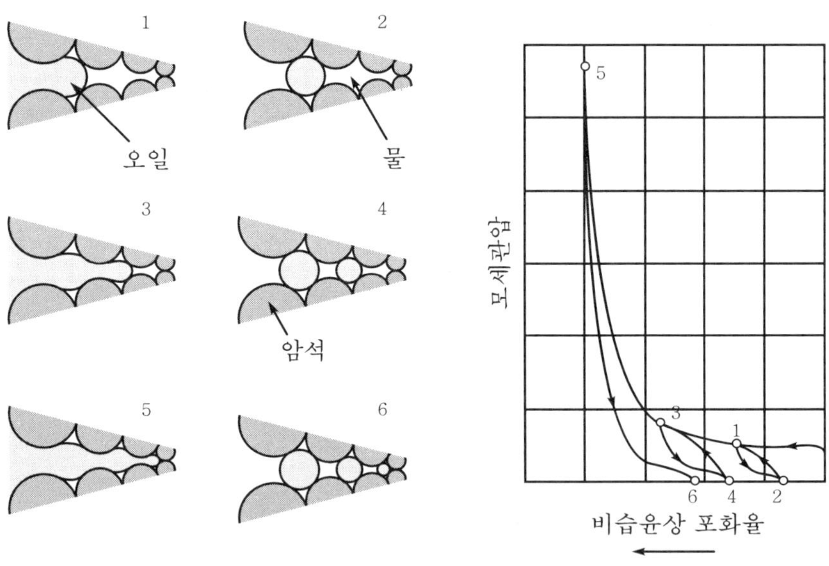

그림 4.24 다양한 포화율에서 비습윤상의 분포

조건 2에서 3으로 가는 것은 더 높은 비습윤 포화율, 더 높은 모세관 압력, 침수 후 더 큰 포획 비습윤 포화율로 끝나는 2차 배수 과정이다. 최고 모세관 압력(조건 5)에서 빠진 체

적의 모든 공극은 비습윤상을 포함하고 침수 후 포획 포화율은 최대이다. 최대 비습윤 포화율에서 최대 포획 비습윤상 포화율까지의 모세관 압력 곡선은 침수 곡선(조건 6)이다. 모든 침수 곡선은 모세관 압력이 0인 지점에서 종료된다.

이러한 표현은 매우 간단하지만 실제적인 모세관 압력 곡선의 많은 특징을 설명한다. 침수 곡선은 일반적으로 배수 곡선과 다르지만 최초의 불연속 방울이 연결되는 고 비습윤 포화율에서 차이는 줄어든다. 이러한 현상은 포획이력(捕獲履歷, trapping hysteresis) 또는 저항이력(抵抗履歷, drag hysteresis)이라고 하며 전후진 접촉각 간의 차이에 기인한다.

4.10.1 접촉각 이력

기존에 물로 젖은 암석 표면을 덮기 위해 오일이 이동할 때 표면에 대하여 물이 오일을 대체할 때보다 접촉각이 작은 것이 실험적으로 증명되어 왔다. 이러한 효과를 접촉각의 이력이라고 한다. 실질적인 용어로 말하면 이들 전 후진 이동은 에너지 의존적이라는 의미인데 이는 비가역 시스템에서 전형적이다.

그림 4.25에 보이는 것 같이 석영이나 방해석 등의 연마 암석 광물로 만든 두 개의 수중 수평판 사이에 매달린 오일 방울의 전진 접촉각 θ_a 와 후진 접촉각 θ_r 을 측정하여 이력을 탐지한다. 바닥판은 고정되어 있으며 다른 판을 양쪽으로 매끄럽게 움직일 수 있다. 이동 판이 움직일 때 두 접촉각을 측정한다. 각이 안정화되면 이 시험을 반복한다.

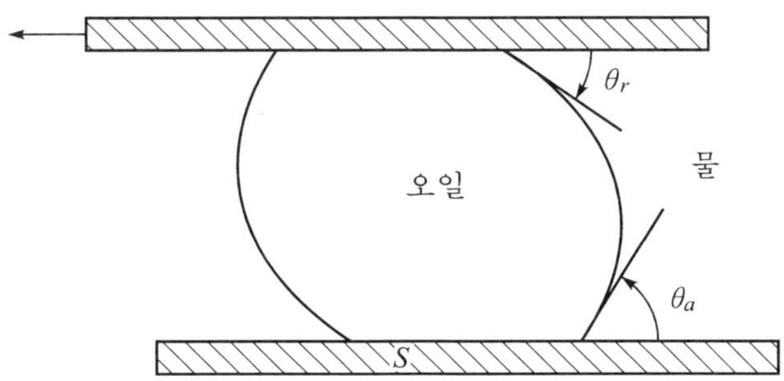

그림 4.25 접촉각의 이력성 측정

후진 각이 전진 각보다 작은 이력성은 주기 시스템에서 에너지가 손실됨을 나타낸다. 다공성 매체 내 다상 유동과 관련하여 이력성은 두 가지 중요한 영향을 갖는다.

- 일정한 모세관 압력 차이가 가해지지 않으면 저류층에서 액체 분포를 보존하기 위하여 공극 시스템 내 유체 간 모세관 표면(계면)을 안정화시킨다.
- 두 번째 영향은 계면이 공극에서 전진할 때 모세관 벽 쪽으로의 에너지 소산과 관련되어 있다. 이러한 에너지 소산의 영향은 유동에 대한 저항으로 나타내고 종종 작은 유체 방울의 실질적 비유동화로 구체화된다.

4.10.2 모세관 이력

모세관 압력은 습윤상 포화율과 포화율의 변동 방향에 모두 의존적이다. 2상 유동의 경우 모세관 압력의 전형적인 곡선을 그림 4.26에 나타냈다.

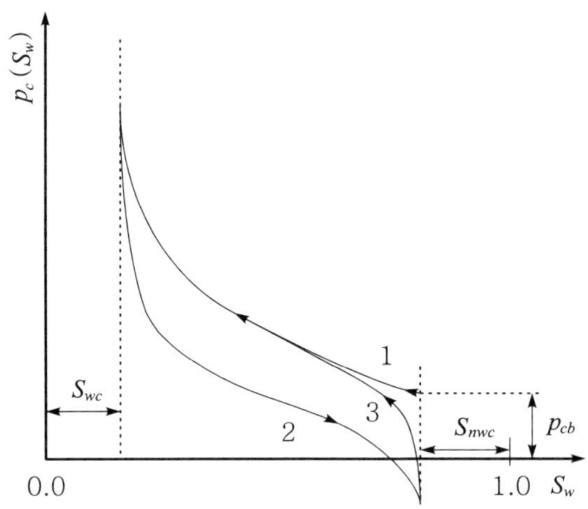

그림 4.26 2상 유동 문제에 대한 전형적인 모세관 압력곡선과 습윤도 측정법 간의 관계

다공성 매체 내에서 하나의 상이 다른 상으로 치환될 수 있는 두 가지 방법을 고려한다. 첫째는 습윤상이 비습윤상인 하나에 의해 치환되는 대체 과정이다. 둘째는 비습윤상이 습윤상으로 치환되는 침수 과정이다. p_{cb} 값을 대체를 일으키기 위하여 초과되어야 하는 발단 모

세관 압력으로 정의한다. 그림 4.26에서 침수가 선행하는 대체의 경우 모세관 압력 곡선은 곡선 1과는 다른 곡선 3이다. 침수와 대체에 대하여 2개의 다른 곡선이 존재하면 모세관 이력이라 불린다. 포화점 $S_w = S_{nwc}$ 부근에 존재하는 음의 모세관 압력은 Welge(1949)가 처음 발견하였다. 이력 효과는 그림 4.26에서 두 곡선 2와 3에 의해 나타난다.

연습문제

01 유리 모세관이 물 컵 위에 수직으로 놓여 있다. 관 내경이 0.1 cm일 때 관 내 물의 높이는 얼마인가? 또한 관 내 공기-물 경계면에서 압력차는 얼마인가? 공기와 물의 표면장력은 72 dyne/cm이고 물은 유리에 대하여 습윤상이라고 가정한다.

02 다공성 판 내 물을 공기로 축출하기 위하여 25 psig가 필요하다. 표면장력(σ_{aw})이 72 dyne/cm일 때 다공판 내 가장 큰 공극 경로의 크기는 얼마인가?

03 원심분리기를 이용하여 모세관 압력을 결정하려고 한다. 염수로 포화된 코어를 공기 중에서 회전시켜 다음과 같은 데이터를 얻었을 때 모세관 압력 곡선을 구하시오.

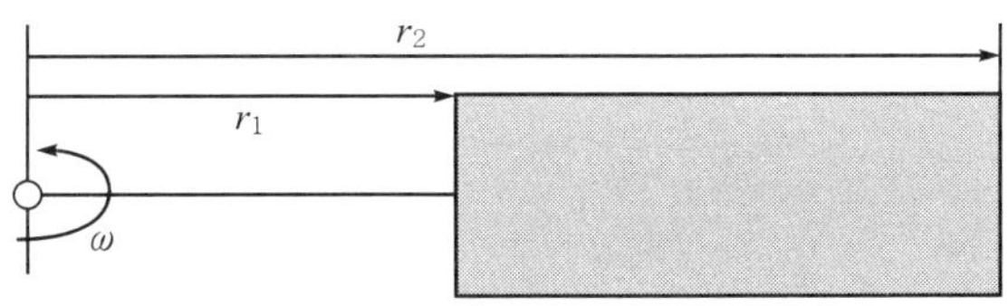

r_1 = 4.46 cm, r_2 = 9.38 cm, $\Delta\rho$ = 1.09 g/cm^3, V_p = 8.23 cm^3

RPM	415	765	850	915	1005	1110	1305
ΔV[cm^3]	0.00	0.00	0.10	0.15	0.30	0.50	1.10
RPM	1550	1835	2200	2655	3135	3920	4850
ΔV[cm^3]	2.20	2.90	3.61	4.21	4.72	5.24	5.75

04 실험실에서 코어 시료 내 물과 공기의 모세관 압력이 5 psi로 측정되었다. 저류층에서 코어를 채취한 지점의 높이를 OWC에서부터 구하시오. OWC에서 모세관 압력은 0이라고 가정한다.

실험실	저류층
$\sigma = 75\,\text{dyne/cm}$	$\sigma = 25\,\text{dyne/cm}$
$\Delta\rho_{w/air} = 1.0\,\text{g/cm}^3$	$\Delta\rho_{o/w} = 1.0\,\text{g/cm}^3$

05 저류층(오일-물)과 실험실(공기-물)에서 두 유체 간 계면장력과 접촉각이 다음과 같고 그림과 같은 실험실 모세관 압력 $p_{cL}(S_w)$ 그래프를 얻었다.

실험실 : σ_{aw} = 72 dynes/cm, θ_{aw} = 0°

저류층 : σ_{ow} = 24 dynes/cm, θ_{ow} = 20°

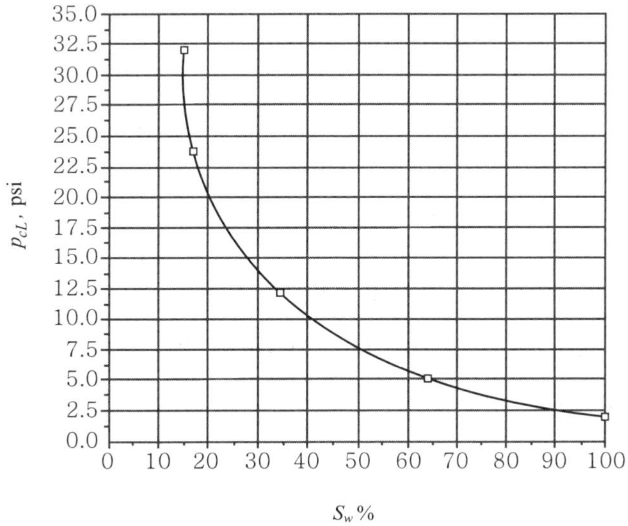

(1) 저류층 모세관 압력(p_{cR})과 실험실 모세관 압력(p_{cL})의 관계식을 구하시오.

(2) ρ_o = 0.8 g/cm^3, ρ_w = 1.0 g/cm^{3}일 때 저류층 내 오일-물 경계면(oil-water contact)으로부터 50 ft 상부에서 물 포화율(S_w)는 얼마인가?

(3) 저류층 내 물 포화율이 40%인 지점은 오일-물 경계면으로부터 얼마나 높은 곳에 위치하는가?

06 아래 데이터와 실험실에서 측정한 문제 5의 $p_{cL}(S_w)$ 그래프를 이용하여 물 포화율(S_w)의 함수로 저류층 모세관 압력(p_{cR}), 저류층 내 높이 h, J-함수 곡선을 구축하시오. 두 경우 모두 물이 습윤상이다.

	실험실	저류층
유체	공기-물	오일-물
θ	0°	25°
σ (dyne/cm)	60	20
ρ_w (g/cm^3)	1.0	1.1
ρ_{nw} (g/cm^3)	0	0.863
k (md)	37	변동
ϕ	0.16	변동

07 어떤 다공성 매체를 5개의 모세관으로 이루어진 모세관 다발(bundle-of-tubes)로 모델링하였다. 모세관의 길이는 8 cm, 반경은 각각 0.005 mm, 0.01 mm, 0.03 mm, 0.05 mm, 0.08 mm이다. 공극률(ϕ)이 0.25, 비틀림도(τ)가 2.0, $\sigma\cos\theta$ = 40 dynes/cm 일 때 모세관압(p_c) [dynes/cm^2] vs. 포화율(S_w) 곡선을 구하시오.

제5장

포화율

PHYSICAL PROPERTIES OF RESERVOIR ROCKS AND FLUIDS

저류암과 유체의 물성

5.1 정의

오일, 가스 및 물로 공극이 채워진 저류층의 대표 요소체적을 고려해보자. 이것은 체적 항으로 다음과 같이 쓸 수 있다.

$$V_p = V_o + V_g + V_w \tag{5.1}$$

이로부터 총 공극 공간에 대하여 특정 유체로 채워진 비인 **포화율**(飽和率, saturation) S를 정의할 수 있다.

$$S_i \overset{\text{def}}{=} \frac{V_i}{V_p}, \quad i = 1,...,n \tag{5.2}$$

여기에서 n은 다공성 매체 내 존재하는 모든 유체의 수를 나타내며 결과적으로 다음과 같이 표현할 수 있다.

$$\sum_{i=1}^{n} S_i = 1 \tag{5.3}$$

만약 두 가지 유체(예를 들어 오일, 물)가 공극 공간에 공존할 경우 습윤도 선호성 때문에 그림 5.1과 같이 공극 공간 내에 불균일하게 분포한다. 이는 공극 벽(암석 입자 표면)에 대한 한 유체의 흡착력은 항상 다른 유체의 흡착력보다 강하기 때문이다. 대다수의 석유 저류층인 규질 쇄설암과 탄산염암에서 공극수는 습윤상이고 오일은 비습윤상이다.

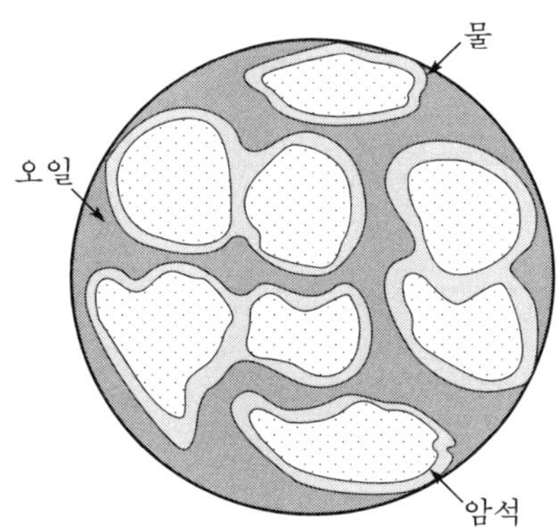

그림 5.1 수습윤성 다공성 매체 내에서 물과 오일상의 분포

중요한 사실은 저류층 내 유체 포화율(S_o, S_g, S_w)는 공간에 따라 특히 물-오일 접촉면으로부터 저류층 상부에 이르기까지 가장 분명히 나타나며 생산 시간에 따라 변동한다. 이는 저류층의 각 부분마다 유체 포화율이 상당히 상이할 수 있으며 생산하는 동안 저류층의 모든 요소체적의 포화율은 점진적으로 변화했다는 것을 의미한다.

생산하는 동안 저류층으로부터 모든 오일을 회수할 수는 없다. 석유 대체의 드라이브 메커니즘에 따라 오일 회수율 인자는 5~10% 정도로 낮을 수도 있고 드물게는 70% 이상일 수도 있다. 오일의 일부는 잔류 상태로 남게 되는데 이를 **잔류 오일**(residual oil)이라 한다. 생산 단계 후 저류층에 남아있는 잔류 오일과 가스 포화율, 코어 채취 작업 후 저류암 시료 내 유체 상의 잔류 포화율을 구분해야 한다. 자연상태의 코어 시료를 실험실로 채취하여 저류층 포화율과 오일회수인자를 추산한다. 개략적인 실험 개요를 나타낸 그림 5.2에서 물은 코어 시료 내 초기 오일을 대체하게 된다.

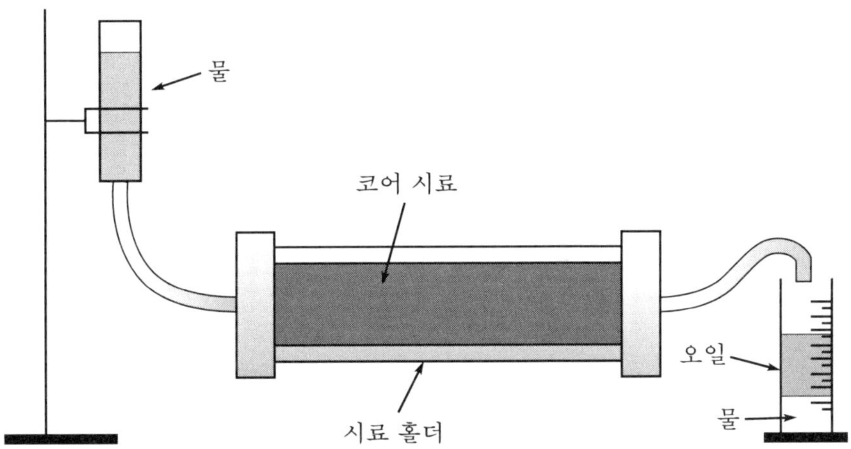

그림 5.2 코어 시료로부터 실험실 대체에 의한 잔류 오일 포화율(S_{or})의 평가

만약 코어 시료의 공극 체적 V_p를 알고 있다면 오일의 잔류 포화율은 다음과 같이 나타낼 수 있다.

$$S_{or} = \frac{V_{oi} - V_o}{V_p} \tag{5.4}$$

여기에서 V_{oi}는 코어 시료에 존재하는 오일의 초기 체적이며 V_o는 대체 또는 생산된 오일이다.

5.2 물 포화율과 잔류 오일의 측정

유정으로부터 회수된 코어는 잔류 유체(시추액 침투, 압력과 온도의 변화 등으로 인해 고갈)를 포함하며 다음을 반영하고 있다고 가정한다.

- 저류층 상태에서의 유체 포화율
- 시추액 침투로 인한 변화 가능성
- 코어에 의해 대표되는 저류암으로부터 가능한 오일 추출의 효율성

폼 시추액, 코어 시료 용기와 저류층 압력을 유지하는 고무 슬리브, 회수된 코어의 냉동 보존 등 현대적 코어 채취기술로 인해 저류암-유체 물성의 급격한 변화를 방지할 수 있다.

잔류 오일과 물 포화율을 결정하는데 일반적으로 두 가지 실험법이 사용된다.

- 고온 증류법
- Dean-Stark 방법

5.2.1 고온 증류법

고온 증류법(高溫 蒸溜法, retort distillation method)에서는 코어의 중량을 재고 총체적을 측정하거나 계산한다. 시료는 실험기구 상부에 나사가 달려 있고 하부에서 돌출된 hollow stem이 있는 원통형 금속용기에 넣는다. 상부는 밀봉하고 시료 용기(sample holder)는 증류 오븐 위에 놓는다. 온도조절장치로 코어의 온도를 선택된 수준까지 올리면, 코어 내의 물은 증기화되어 회수된다. 이 후 온도를 650°C(1200°F)까지 올리면 시료로부터 오일은 증기로 변하고 최종적으로 다시 증류화된다. 증기화된 유체는 먼저 시료

용기에 수집되며 그 후 빈 기둥(down-draft retort)을 통해 수직 하방으로 방출된다. 이후 유체는 응축되고 보정관에서 체적을 측정한다. 고온 증류법의 실험 절차에 대한 그림은 5.3에 나타내었다.

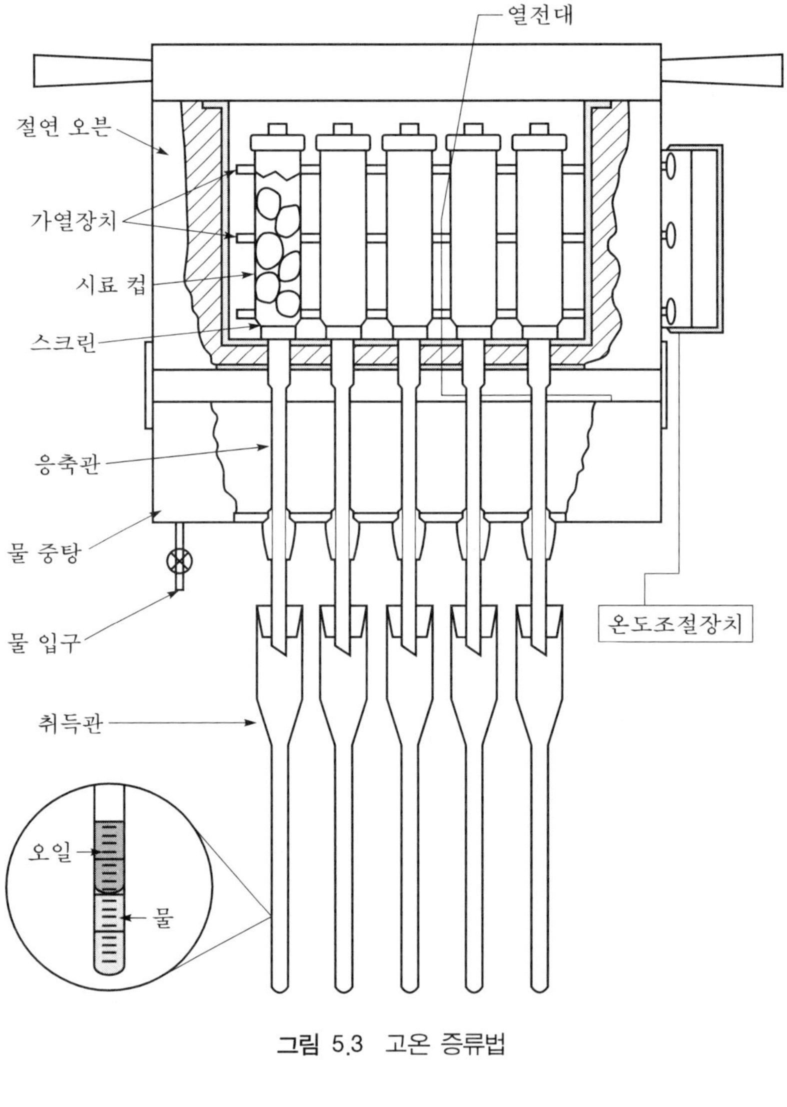

그림 5.3 고온 증류법

일반적으로 증류법에서 시료는 고온으로 인해 파괴되므로 소구경 시료나 소형 코어를 사용한다. 물과 오일의 포화율은 비교적 단순하게 계산이 가능하며 실험으로부터 유도된 인자 값은 아래와 같다

- V_b , ρ_r : 실험 이전에 결정된 시료의 겉보기체적과 암석 밀도
- V_o , V_w : 실험 중 회수된 오일과 물의 체적
- V_p : 계산된 공극 체적

물과 잔류오일 포화율은 다음과 같이 계산한다.

$$S_w = \frac{V_w}{V_p}, \ S_o = \frac{V_o}{V_p} \tag{5.5}$$

여기에서 포화율은 공극 체적에 대한 분율이며 종종 백분율로 표시하기도 한다.

5.2.2 초기 유체 측정을 위한 Dean-Stark 기구

분석 대상 코어의 중량을 측정할 때 암석 입자의 중량과 공극 유체 중량을 함께 측정한다. 시료는 용기(tare apparatus)에 놓고 그림 5.4에서 볼 수 있듯이 이 장치를 톨루엔과 같은 용매를 포함하는 플라스크 위에 매단다. 실험과정 동안 모래입자의 손실이 없도록 주의해야 하며 그렇지 않을 경우 비정상적으로 높은 잔류오일 포화율을 야기한다. 적절한 용매를 선택하기 위한 몇 가지 요구사항은 다음과 같다.

- 용매는 물보다 비등 온도가 높아야 한다.
- 용매는 물과 비혼합성이어야 한다.
- 용매는 물보다 가벼워야 한다.

톨루엔은 상기 제시된 모든 요구조건을 만족한다.

용매에 열을 가하면 용매는 증기화된다. 고온 용매 증기가 상승하여 시료를 둘러싸게 되고 응축관으로 상승하여 냉각된 후 응축된다. 응축액은 유체가 유출점에 도달할 때까지 응축관에 모아지며, 응축된 용매는 저류층 유체를 포함하고 있는 시료로 떨어진다. 시료에서의 오일과 함께 혼합된 용매는 그림 5.4에서 보이는 것과 같이 하부의 용매 플라스크로 돌아간다. 이 과정은 시료의 온도가 물의 비등점보다 높아질 때까지 계속된다. 그 점에서 물은 증기화되며 응축관에서 상승하여 응축되고 보정관으로 다시 떨어진다. 물이 용매보다 무겁기 때문에 관 하부에 모이며 여기에서 체적을 직접 측정한다. 추가적인 물 회수가 나타나지 않을 때 향후 계산을 위하여 물의 체적을 기록한다. 시료로부터 모든 물과 오일을 회수한 후 시료를 건조하고 다시 중량을 측정한다. 초기 중량과 최종 중량의 차이는 시료 내 최초 존재한 오일과 물의 중량과 같다. 보정관에서 수집한 밀도 1 g/cm^3의 물을 증류하면 체적은 이미 알고 있으므로 이로부터 시료 내 오일의 중량을 계산할 수 있다. 이 결과는 차후 청정 건조 시료의 추정 공극률과 함께 결합하며, 오일과 물의 체적은 공극 공간 내 분율로 전환할 수 있다.

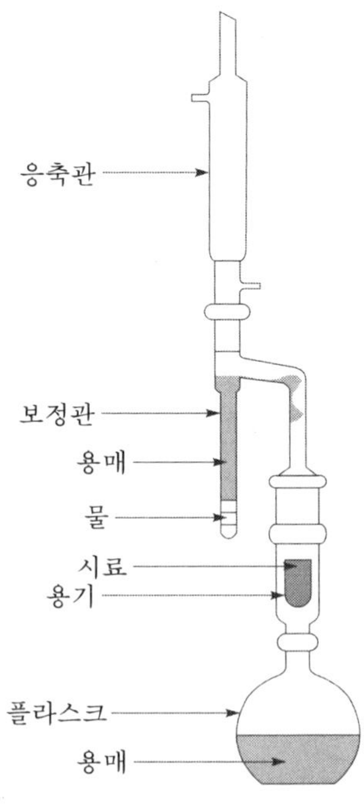

그림 5.4 Dean-Stark 기구

실험 과정에서 시료가 파괴되지 않으므로 공극 체적 비중 측정 또는 모세관 측정 등의 다른 측정에 사용할 수 있다. 오일과 물의 포화율은 비교적 단순하게 계산할 수 있으며 실험실 시험으로부터 유도하는 인자는 아래와 같다.

- W_i : 시험 이전 결정된 코어 시료의 초기 중량.
- W_d : 실험 후 직접적으로 결정된 건조, 청정 코어 시료의 중량.
- ϕ, V_b : 실험 후 결정된 암석의 공극률과 코어 시료의 겉보기체적.
- V_w : 실험 동안 측정된 물의 저류층 체적.
- V_o : 계산된 오일의 회수 체적.

물과 오일의 (잔류) 포화율은 식 5.5에 따라 계산한다. 증류법과 Dean-Stark 방법 모두 참값의 ±5% 내 유체 포화율 값을 산출할 수 있다.

연습문제

01 80 g의 코어 시료를 수은 펌프로 분석한 결과 0.9 cm^3의 가스를 함유하고 있었다. 70 g의 시료에서는 5.0 cm^3의 오일(35°API)과 2.5 cm^3의 물(ρ_w = 1.0 g/cm^3)을 추출할 수 있었다. 질량 200 g인 시료의 총체적은 95 cm^3였다. 다음을 계산하시오.

(1) 오일의 밀도 [g/cm^3]

(2) 시료 100 g당 가스, 오일, 물, 입자, 총체적 [cm^3]

(3) 공극률

(4) 가스, 오일, 물의 포화율

(5) 입자밀도 [g/cm^3]

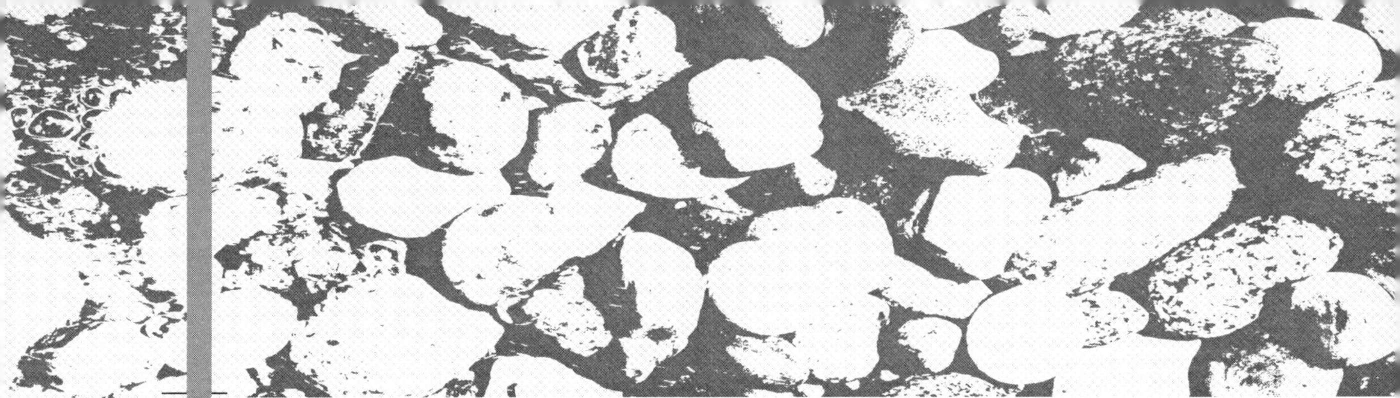

제6장

상대투과도

PHYSICAL PROPERTIES OF RESERVOIR ROCKS AND FLUIDS
저류암과 유체의 물성

6.1 정의

상대투과도(相對透過度, relative permeability)는 다상 유동에서 특정 유체가 총 공극 체적의 일부만 차지할 때 사용하는 개념이다. 이를 통하여 다공성 시스템 내 특정 유체의 **유효투과도**(有效透過度, effective permeability)와 단일 유체로 100% 포화된 시스템의 절대투과도를 연관시킬 수 있다.

코어 시료 내 압력차에 대하여 유체의 유동율을 측정할 때 아래의 식을 얻을 수 있다(단상 유동).

$$q = \frac{k_e A \Delta p}{\mu \Delta x} \tag{6.1}$$

$$k_e = \frac{q \mu \Delta x}{A \Delta p} \tag{6.2}$$

여기에서 k_e 을 유효투과도라고 부르는데 100% 포화 시 유효투과도는 절대투과도와 동일하다($k_e = k$).

이를 다상 유동으로 확장하여 다음과 같이 Darcy 법칙을 일반화시킬 수 있으며

$$q_j = k_{je} \frac{A}{\mu_j} \frac{\Delta p_j}{\Delta x} \tag{6.3}$$

이 때 j 는 유체상을 나타내고 k_{je} 는 유효 (상)투과도(effective (phase) permeability) 라고 한다.

위의 방정식에 따라

$$k_{je} = \frac{q_j}{A} \frac{\mu_j \Delta x}{\Delta p_j} \tag{6.4}$$

을 얻을 수 있다.

많은 실험실 측정에서 유효투과도의 합은 총 또는 절대투과도보다 작은 것으로 나타났다.

$$\sum_{j=1}^{n} k_{je} < k \tag{6.5}$$

또한 유효투과도는 유체포화율, 암석물성, 절대투과도, 유체물성 및 저류층 상태 (압력, 온도) 등 다수 인자의 함수인 것으로 확인되었다. 따라서 아래와 같이 나타낼 수 있으며,

$$k_{je} = f\left(k,\ p,\ T,\ S_1,\ S_2 \ldots,\ S_n \ldots\right) \qquad j \in \left[1, n\right] \tag{6.6}$$

위 관계는 2상 시스템의 경우 단일(일반적으로 습윤) 포화율의 함수로 표현된다.

유효투과도는 다음과 같이 절대투과도와 상대투과도의 성분으로 나눌 수 있다.

$$k_{ej} = k_{rj} k \tag{6.7}$$

상대투과도는 상 포화율 S_j 의 영향을 크게 받는 함수이며 암석-유체 사이의 성질이다. 또한 k_{rj} 와 S_j 간의 관계는 공극 크기 분포와 같은 암석물성과 습윤도의 함수이기도 하다. 이 때 특정 성질이 (예를 들면 계면장력) 급격히 변하면 상대투과도에 영향을 미칠 수 있지만 일반적으로 상대투과도와 유체 물성 간에 강한 연관성은 없다. 상 투과도는 (절대투과도로서) 텐서 함수이고 상대투과도는 아님에 주의해야 한다.

상대투과도 값을 얻기 위하여 이를 이론적 기반으로 계산하려는 많은 시도가 있어 왔지만 지금까지 값을 얻는 대다수의 방법은 계산보다는 실험실 측정이었다. 따라서 유동도, 상 투과도, 상대투과도의 정의를 분리하여 명확히 하는 것이 중요하다.

함수 $k_{rj}(S_j)$는 다공성 매체의 구조 및 상의 포화율 분포에 의해 좌우된다. 그러나 2상 및 다상 유동의 수학적 모델링에서는 상대투과도를 오직 포화율의 함수라고 가정하는 것이 편리하다. 이러한 가정을 통하여 상대투과도를 결정하기 위해 수행하는 실험 작업을 매우 간단화할 수 있기 때문이다. 두 개의 상이 공존할 때 상대투과도의 전형적인 곡선은 그림 6.1과 같다.

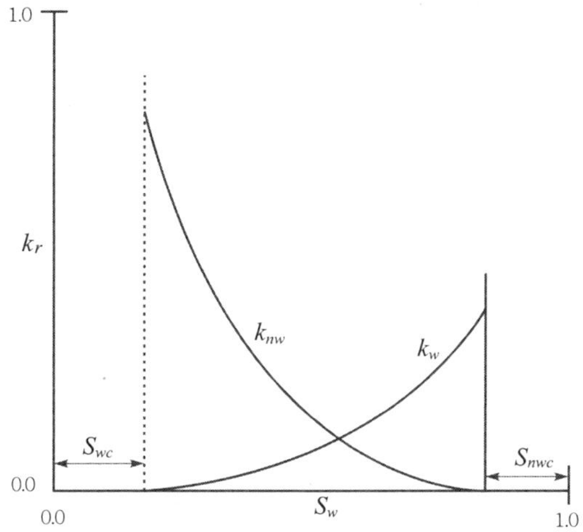

그림 6.1 2상 유동에 대한 상대투과도 특성의 전형적인 유형

상대투과도 곡선의 거동에서는 주목해야 할 중요한 특징이 있다. 이는 하나의 상의 포화율이 특정 값보다 작을 때 ($S_w < S_{wc}$ 또는 $S_{nw} < S_{nwc}$) 이에 대응하는 상대투과도는 0이 되고 그 상은 비유동성이 된다는 것이다. 이것은 상의 연속성이 붕괴 또는 교란되어 비활성 상태로 머무르는 것을 의미한다. 여기서 S_{jc} 값(이 때 j는 w 또는 nw이며 w은 습윤상, nw은 비습윤상을 의미)은 i 상의 **잔류포화율**(殘留飽和率, residual saturation)로 정의한다. 이 값들은 저류층 압력, 온도, 상의 수, 암석 유형 등 저류층의 열역학적 조건에 의존적이다.

6.2 암석 습윤도와 상대투과도

상 투과도와 상대투과도는 모세관압을 측정하여 값을 구할 수 있으며 이들 값과 모세관압 사이에는 강한 연관성이 나타난다. 이 값들 간의 연관성 때문에 미세 불균질성과 암석 습윤도가 상대투과도에 일정한 영향을 미친다고 예측할 수 있다. 강한 수습윤성과 유습윤성 지층에 대한 전형적인 물-오일 상대투과도를 그림 6.2에 나타내었다.

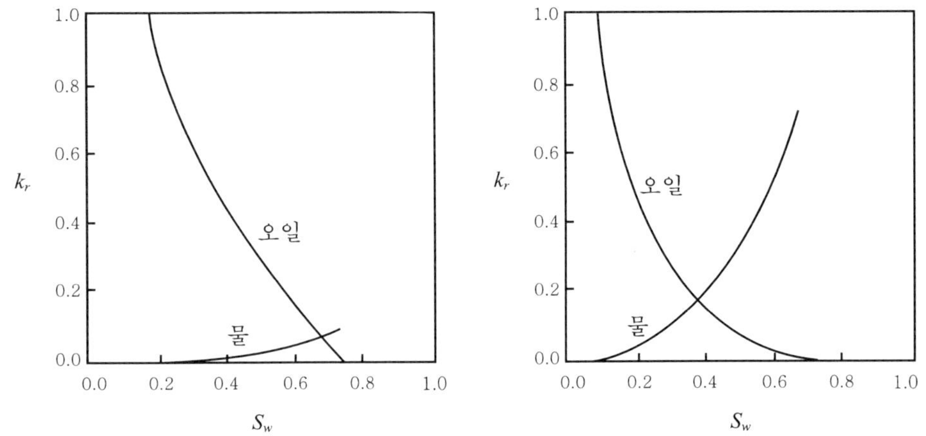

그림 6.2 2상 유동에 대한 상대투과도의 전형적인 특징
(왼쪽 : 수습윤성 지층, 오른쪽 : 유습윤성 지층)

서로 다른 습윤도 선호에 따라 달라지는 유동 특성은 아래의 경험법칙에 의해 설명될 수 있다.

	수습윤성	유습윤성
원생수포화율	일반적으로 20%~25% PV보다 크다.	일반적으로 15% PV보다 작고 종종 10%보다 작다.
오일투과도와 수투과도가 같을 때의 포화율 (교차포화율)	수포화율 50%보다 크다.	50% 수포화율보다 작다.
최대 수포화율에서의 물의 상대투과도	일반적으로 30%보다 작다.	50%보다 크고 100%에 가깝다.

상대투과도의 **끝점**(end-point)은 일반적으로 1보다 작은데 이것은 습윤도를 결정하는 척도가 된다. 길이가 공극 직경의 수 배인 비습윤상은 격리된 작은 방울의 형태로 공극의 중심부를 점유한다. 반면에 포획 습윤상은 암석 입자 사이의 빈 공간을 점유하고 암석 표면을 덮는 형태로 발생한다. 따라서 포획 습윤상보다 포획 비습윤상이 습윤상의 유동에 대하여 더 큰 장애물이 된다고 예측할 수 있다. 그 결과 습윤상 끝점 상대투과도는 비습윤상의 끝점보다 작을 것이다. 비습윤상 끝점에 대한 습윤상 끝점의 비는 매체의 습윤도를 측정하는 좋은 정성적 척도가 될 수 있다. 극단적인 경우 습윤상의 끝점 상대투과도가 0.05 이하 일 수도 있다. 어떤 이들은 상대투과도의 **교차포화율**(交叉飽和率, crossover saturation) ($k_{r2}=k_{r1}$)이 습윤도를 나타내는 척도로서 좀 더 적합하다고 보기도 하는데 이는 교차포화율이 잔류포화율 값에 대해 덜 민감하기 때문이다.

6.3 배수/침수 상대투과도 곡선

가스-오일 시스템에서는 대체의 방향이 중요하다. 방향에 따라 대체 과정은 가스 드라이브(오일에 대한 가스의 비혼합 대체)와 같은 배수 과정과 후퇴 고갈 가스 캡으로의 오일 영역 또는 대수층의 이동과 같은 침수 과정으로 나눌 수 있다.

가스-오일 시스템에서 제3의 상인 물은 저류층에 항상 존재하는데 물은 **불감소포화율**(不減少飽和率, irreducible saturation) 상태에서는 대체 과정에 아무런 역할도 하지 않는다고 간주한다. 따라서 실험실 측정 시 불감소 물의 존재 여부와는 관계없이 실험을 수행하고 유효투과도는 가스포화율과 연관시키기 보다는 총액체포화율과 연관시킨다. 이 관계는 아래와 같은 액체포화율의 정의에 바탕을 둔다.

$$S_L = S_o + S_w = 1 - S_g \tag{6.8}$$

액체 배수 과정과 같이 가스 포화율이 0에서부터 증가하는 시스템에서 가스는 임계(臨界, critical) 가스포화율(S_{gc})에 도달할 때까지는 유동하지 않는 것으로 관찰된다. 이것은 가스가 유동하기 위한 조건으로서 시스템 내에서 가스상이 연속적이 되는 물리적 과정에 따른 것이다. 액체 침수 과정에서는 (가스포화율이 최대 초기값에서부터 감소함) 잔류 또는 포획 가스포화율(S_{gr})에 도달하면 가스투과도는 0이 된다. 이러한 과정이 그림 6.3에 제시되어 있다.

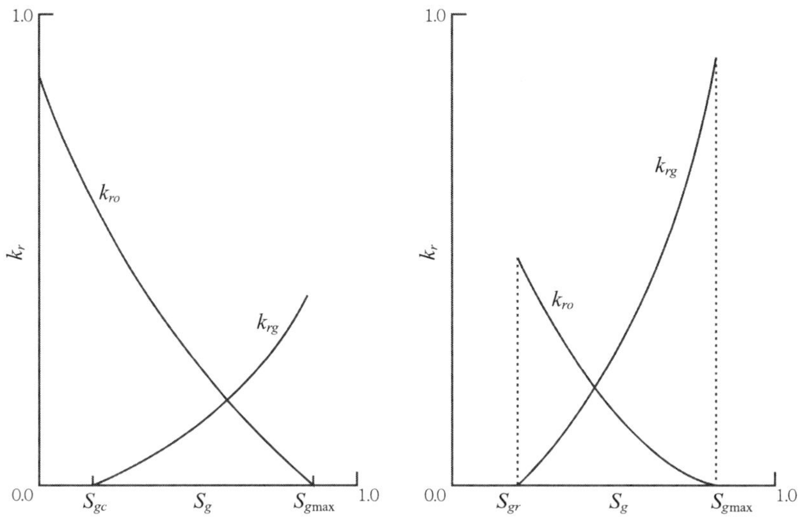

그림 6.3 가스-오일 상대투과도

6.4 잔류 상 포화율

압력 구배가 증가하면 비습윤상이 공극로로 진입하고 이에 따라 습윤상은 암석 입자와 공극체(pore body) 빈 공간 사이의 오목한 접촉면으로 후퇴한다. 매우 큰 압력차에서 습윤상은 단일층으로 쌓이며 낮은 포화율에 근접한다.

잔류 비습윤상은 큰 공극 내에 수 공극 직경 크기의 방울 형태로 포획되는데 여러 차례 반복된 실험에 따르면 대부분의 조건 하에서 S_{nwr}은 S_{wr} 만큼 클 수 있다는 것이 증명된 바 있다.

실험 관찰을 통해 잔류 비습윤상 또는 잔류 습윤상 포화율과 국지 **모세관수**(local capillary number) 사이의 관련성이 입증되었으며 이 관계를 **모세관 탈포화 곡선**(毛細管 脫飽

和 曲線, capillary desaturation curve)이라 한다(그림 6.4). 전형적으로 이 곡선은 y-축에 비습윤상(S_{nwr}) 또는 습윤상(S_{wr})의 잔류포화율(비유동상) 백분율에 대하여 x-축에 모세관수를 로그로 그린 도표로 표현한다. 모세관 수 N_c는 국지 모세관력에 대한 점성력의 무차원 비이고 다양하게 정의될 수 있는데 이에 대한 한 예는 다음과 같다.

$$N_c = \frac{k\left|\nabla\vec{\Phi}\right|}{\sigma_{ow}\cos\theta_c} \tag{6.9}$$

여기에서 $\vec{\Phi}$는 유동 포텐셜이다.

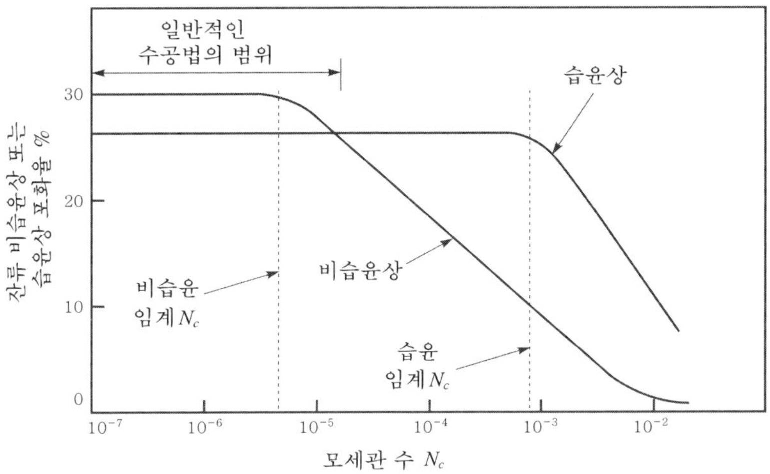

그림 6.4 모세관 탈포화 곡선의 모식도

물-오일 시스템에서 화학 첨가제는 계면에서의 모세관력을 감소시켜 모세관수를 증가시키고 습윤 또는 비습윤상의 잔류포화율을 감소시킨다. 계면에서 계면장력이 감소하면 포획된 오일이 유동화되고 물에 의해 대체될 수 있다.

6.5 상대투과도의 결정

일반적으로 대표적이며 잘 보존된 코어 플러그 시료를 이용한 코어분석시험으로 유효투과도를 실험실에서 측정한다. 저류층 조건 시험은 실제 또는 가상의 저류층 유체를 이용하여 저류층 상태의 공극압 조건 및 온도에서 수행한다. 이러한 저류층 조건 시험은 비정상상태 또는 정상상태 조건하에서의 대체를 모델링 하는데 시험에서 사용되는 여러 장비 배치가 그림 6.5와 6.6에 나타나 있다.

6.5.1 정상상태 측정

시료 규모의 불균질성을 보이는 혼합 습윤성 저류층에서는 정상상태 시험이 적합하다. 정상상태 과정은 다수의 평형 유동율비에서 코어 시료를 통해 대체하는 유체(대체 유체)와 대체되는 유체(피대체 유체)의 동시 유동을 통해 이루어진다. 정상상태 시험 시 100% 피대체 상에서부터 100% 대체 상까지의 각 비에서 유입되는 유체의 비가 유출 비와 같아지고 입구와 출구의 압력차가 일정해지는 평형조건에 도달해야 한다. 이러한 조건 하에서 Darcy 법칙이 각 상에 적용되면 주어진 정상상태 포화율에서의 유효투과도를 계산할 수 있다. 여기서 모세관압은 보통 무시되는 경향이 있으며 각 단계에서 포화율을 결정하는 과정이 가장 어렵다. 상대투과도 곡선을 확립하기 위하여 일반적으로 5~10 단계가 필요하다.

포화율을 측정하기 위하여 다음과 같은 방법들을 사용한다.

- 코어의 비저항 측정
- 코어의 중량 측정
- 유출입 유체의 체적 수지

정상상태에서 습윤상과 비습윤상의 수평 유동에 대한 연속 방정식은 다음과 같다.

$$\frac{\partial v_w}{\partial x} = 0 \qquad (6.10)$$

$$\frac{\partial v_{nw}}{\partial x} = 0 \qquad (6.11)$$

각 상에 대하여 Darcy 법칙을 적용하면

$$v_w = -\frac{k_w}{\mu_w}\frac{\partial p_w}{\partial x} = \text{constant} \tag{6.12}$$

$$v_{nw} = -\frac{k_{nw}}{\mu_{nw}}\frac{\partial p_{nw}}{\partial x} = \text{constant} \tag{6.13}$$

다공성 매체 내 포화율 S_w, S_{nw}가 균일하다면 k_w, k_{nw}는 위치에 독립적이다.

$$k_w = \frac{\mu_w v_w L}{\Delta p_w} = \frac{\mu_w q_w L}{A\Delta p_w} \tag{6.14}$$

$$k_{nw} = \frac{\mu_{nw} v_{nw} L}{\Delta p_{nw}} = \frac{\mu_{nw} q_{nw} L}{A\Delta p_{nw}} \tag{6.15}$$

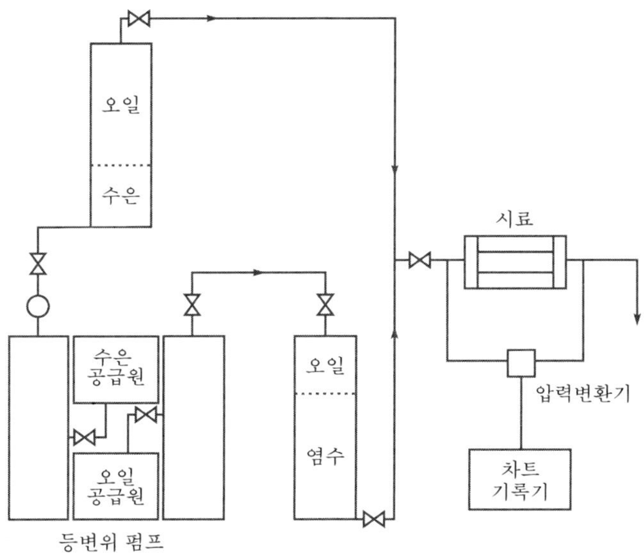

그림 6.5 정상상태 상대투과도 측정

코어 내 포화율이 균일하지 않기 때문에 문제는 더욱 복잡해진다. 코어의 유출부 말단(effluent end)에서는 두 유체 압력이 서로 같기 때문에 포화율은 1.0이 되어야 한다. 말단의 모세관 압력이 0이라는 조건에 따라 모세관 말단 효과(毛細管 末端 效果, capillary end effect)를 야기한다. 말단 효과는 다음의 식으로 설명할 수 있다. 습윤상과 비습윤상 압력의 구배는

$$dp_w = \frac{q_w \mu_w dL}{k_w A} \tag{6.16}$$

$$dp_{nw} = \frac{q_{nw} \mu_{nw} dL}{k_{nw} A} \tag{6.17}$$

이므로 모세관 압력 구배는 다음과 같다.

$$\frac{dp_c}{dL} = \frac{dp_{nw} - dp_w}{dL} = \left(\frac{q_w \mu_w}{k_w} - \frac{q_w \mu_w}{k_w} \right) \frac{1}{A} \tag{6.18}$$

포화율이 균일한 코어 내에서는 모세관 압력 구배가 0이나 말단에서는 일정한 값을 가지게 되고 습윤상 포화율이 1로 증가한다. 이러한 문제를 극복하기 위하여 다음과 같은 방법을 사용한다.

- 유동율은 증가시켜 S_w가 변하는 영역을 매우 작게 만든다.
- 유출면(outflow face)에서 p_c가 0이 되지 않게 하기 위해서 다공성 플러그(porous plug)를 시료와 접한 곳에 배치한다.

유체가 코어에 진입하기 전 입구부에서 유체를 균일하게 분포시키기 위해서 종종 다공성 플러그나 유동 분포판(流動 分布板, flow distribution plate)을 사용한다.

6.5.2 비정상상태 측정

비정상상태 상대투과도 시험은 비혼합 유체(가스 또는 물)에 대한 저류층 공법을 모사한다. 상대투과도는 코어 플러그 배출구 끝에서 나타나는 대체상 유체의 분별유동(分別流動, fractional flow) 및 포화율 사이의 관계에 기반하여 결정된다. 실험을 통하여 상대투과도를 결정할 때 대체 상이 코어 배출구 면을 통해 빠져 나오는 돌파시점(breakthrough time)을 인지하는 것이 중요하며 불균질성 시료의 경우 오류가 발생할 수 있다. 유동율은 Rappoport와

Leas의 방법으로 결정될 수 있는데, 이 방법을 통해 배출구 면 끝에서 습윤상 유체가 불연속 상태로 유지되는 모세관력 효과를 최소화 할 수 있다. 비정상상태 또는 동적 대체 시험은 강한 습윤 선호를 보이는 균질한 시료의 저류층 분석에 가장 빈번히 적용된다.

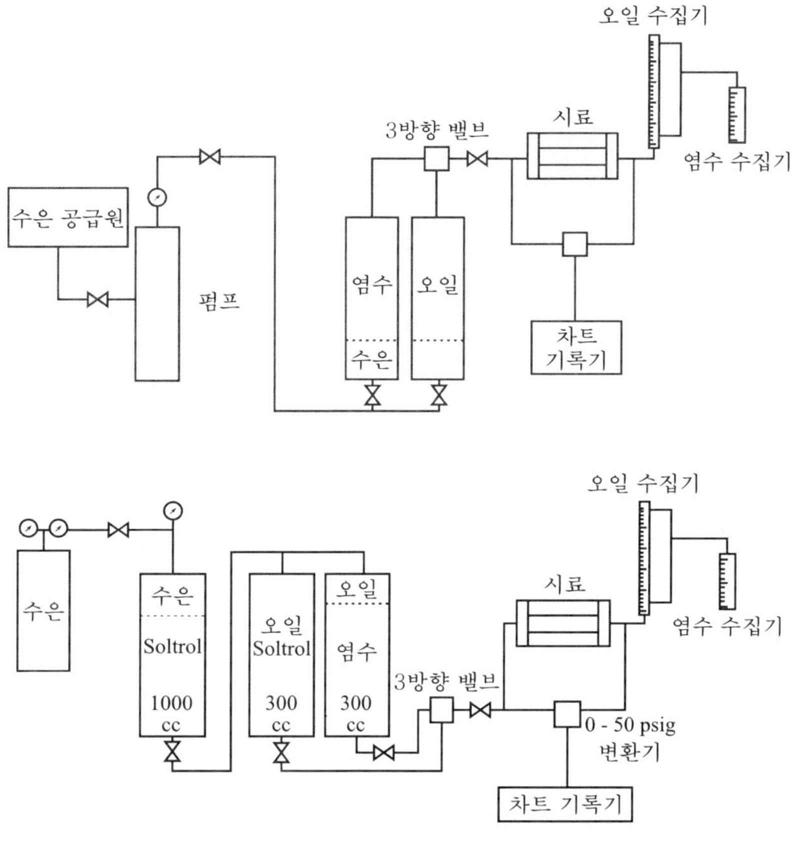

그림 6.6 일정 유동율(위)과 일정 압력(아래)에서 비정상상태 상대투과도 측정

침수 시험의 경우 코어를 비습윤상으로 포화시킨 후 이를 대체하기 위하여 습윤상을 주입한다. 실험이 진행됨에 따라 코어의 출구에서 습윤상 돌파가 발생하며 시간이 경과함에 따라 습윤상의 분율이 증가한다. 코어 출구에서 습윤상 및 비습윤상의 분율과 코어 양단의 압력을 시간에 따라 측정하면 다공성 매체 내 비혼합 유동 이론으로부터 상대 투과도를 결정할 수 있다.

코어 출구(2)에서 비습윤상의 분별유동은

$$f_{nw2} = \frac{1}{1 + \frac{k_{rw}}{k_{rnw}} \frac{\mu_{nw}}{\mu_w}} \tag{6.19}$$

이다. 습윤-비습윤상의 상대투과도 비를 계산하기 위하여 재정렬하면

$$\frac{k_{rw}}{k_{rnw}} = \frac{\mu_w}{\mu_{nw}} \left(\frac{1}{f_{nw2}} - 1 \right) \tag{6.20}$$

이다. 코어 출구에서 비습윤상의 분별유동은 다음 식으로도 주어진다.

$$f_{nw2} = \frac{q_{nw}}{q} = \frac{dQ_{nw}(t)}{dQ_i(t)} = \frac{dN_{pD}}{dW_i} \tag{6.21}$$

여기에서 $dQ_{nw}(t)$ 와 $dQ_i(t)$ 는 누적 비습윤상 생산량과 누적 습윤상 주입량이고 dN_{pD} 와 dW_i 는 이 값들을 총공극 체적에 대한 분율로 나타낸 무차원 값이다. 습윤상 돌파 전에는 코어 출구에서 습윤상의 분별유동과 상대투과도가 0이므로 비정상상태법은 습윤상 돌파 후 포화율이 $S_{wf} < S_w < 1 - S_{nwr}$ 일 때만 적용할 수 있다.

습윤상 돌파 후 상대투과도 비를 코어 출구의 포화율과 연관시키기 위하여 습윤상에 대한 물질수지 계산을 수행한다.

$$S_{w2} = S_{wirr} + N_{pD} - W_i \left[1 - f_w(S_{w2}) \right] \tag{6.22}$$

이 식을 비습윤상의 분별유동 항으로 쓰면

$$S_{w2} = S_{wirr} + N_{pD} - W_i f_{nw2} \tag{6.23}$$

이므로 $\frac{k_{rw}}{k_{rnw}}$ 와 S_{w2} 를 관계를 구할 수 있다.

개별 상들의 상대투과도는 압력감소를 이용하여 계산할 수 있다.

$$\Delta p = -\int_0^L \frac{\partial p}{\partial x} dx \tag{6.24}$$

비습윤상에 대한 Darcy 법칙을

$$q_{nw} = -\frac{kk_{rnw}A}{\mu_{nw}}\frac{\partial p}{\partial x} \tag{6.25}$$

q 로 나누고 재정렬하여 압력구배와 압력감소를 계산하면

$$\frac{\partial p}{\partial x} = -\left(\frac{q\mu_{nw}}{kk_{rnw}A}\right) f_{nw} \tag{6.26}$$

$$\Delta p = -\left(\frac{q\mu_{nw}}{kA}\right)\int_0^L \frac{f_{nw}}{k_{rnw}} dx \tag{6.27}$$

돌파 후 코어 출구에 Buckley-Leverett 방정식을 적용하면

$$L = \frac{Q_i(t)}{\phi A}\left(\frac{df_w}{dS_w}\right)_{S_{w2}} \tag{6.28}$$

$$\frac{x}{L} = \frac{f_w'}{f_{w2}'} \tag{6.29}$$

이 된다. 식 6.29를 f_{w2}' 에 대하여 미분하면

$$dx = \frac{L}{f_{w2}'} f_w' \tag{6.30}$$

이 된다. 이 식을 대입하여 재정렬하면

$$\int_0^{f_{w2}'} \frac{f_{nw}}{k_{rnw}} df_w' = \frac{\Delta p k A f_{w2}'}{q \mu_{nw} L} \tag{6.31}$$

이다. $\left(\frac{q}{\Delta p}\right)_s = \frac{kA}{\mu_{nw} L}$ 이 일정하다고 하면

$$\int_0^{f_{w2}'} \frac{f_{nw}}{k_{rnw}} df_w' = \frac{\left(\frac{q}{\Delta p}\right)_s f_{w2}'}{\left(\frac{q}{\Delta p}\right)} \tag{6.32}$$

이다. 다음 식으로 정의된 상대 주입도(注入度, injectivity) 비를 대입하고

$$I_r = \frac{\left(\frac{q}{\Delta p}\right)_s}{\left(\frac{q}{\Delta p}\right)_s} \tag{6.33}$$

f_{w2}'에 대하여 미분한다.

$$\int_0^{f_{w2}'} \frac{f_{nw}}{k_{rnw}} df_w' = \frac{f_{w2}'}{I_r} \tag{6.34}$$

$$\frac{f_{nw}}{k_{rnw}} = \frac{d}{df_{w2}'}\left(\frac{f_{w2}'}{I_r}\right) \tag{6.35}$$

$$W_i = \frac{qB_w t}{\phi AL} = \frac{Q(t)}{\phi AL} = \frac{1}{\left(\dfrac{df_w}{dS_w}\right)_{S_{w2}}}$$ 이므로

$$\frac{f_{nw}}{k_{rnw}} = \frac{d}{d\left(\dfrac{1}{W_i}\right)}\left(\frac{1}{W_i I_r}\right) \tag{6.36}$$

이다. 따라서 비습윤상과 습윤상의 상대투과도는 각각 다음과 같다.

$$k_{rnw} = \frac{f_{nw}}{\dfrac{d}{d\left(\dfrac{1}{W_i}\right)}\left(\dfrac{1}{W_i I_r}\right)} \tag{6.37}$$

$$k_{rw} = \frac{\mu_w}{\mu_{nw}}\left(\frac{1}{f_{nw2}} - 1\right)k_{rnw} \tag{6.38}$$

6.5.3 모세관 압력 데이터 이용

모세관압 곡선과 모세관 모델을 이용하여 상대투과도의 근사식을 유도할 수 있다. 단일 모세관에서 모세관 압력, 유동율, 체적은 각각

$$p_c = \frac{2\sigma\cos\theta}{r} \tag{6.39}$$

$$q = \frac{\pi r^4 \Delta p}{8\mu L} \tag{6.40}$$

$$V = \pi r^2 L \tag{6.41}$$

이므로

$$q = \frac{Vr^2 \Delta p}{8\mu L^2} \tag{6.42}$$

이다. r에 p_c항을 대입하면

$$q = \frac{(\sigma \cos\theta)^2 V \Delta p}{2\mu L^2 p_c^2} \tag{6.43}$$

이 된다. 다공성 매체가 직경이 서로 다른 모세관 다발로 구성되어 있다고 가정하면 총 유동율은 다음과 같다.

$$q_t = \frac{(\sigma \cos\theta)^2 \Delta p}{2\mu L^2} \sum_{i=1}^{n} \frac{V_i}{p_{ci}^2} \tag{6.44}$$

또한 Darcy 법칙에 따라 총 유동율은

$$q_t = \frac{kA\Delta p}{\mu L} \tag{6.45}$$

이므로 두 식을 결합하면 투과도를 얻을 수 있다.

$$k = \frac{(\sigma \cos\theta)^2}{2AL} \sum_{i=1}^{n} \frac{V_i}{p_{ci}^2} \tag{6.46}$$

포화율은 $S_i = \dfrac{V_i}{V_p}$이고 $\phi = \dfrac{V_p}{AL}$이므로 이 관계를 대입하면

$$k = \frac{(\sigma \cos\theta)^2}{2} \phi \sum_{i=1}^{n} \frac{S_i}{p_{ci}^2} \tag{6.47}$$

이 성립한다. 이것을 작은 단위로 생각한다면 적분 형태로 그 합을 표현할 수 있는데 이를 Purcell 방정식이라고 한다.

$$k = 10.24\left(\sigma\cos\theta\right)^2 \phi\lambda \int_0^1 \frac{dS}{p_c^2} \tag{6.48}$$

여기에서 λ 는 암상인자(岩床因子, lithology factor)이고 각 변수의 단위는 k [md], p_c [psi], σ [dynes/cm]이다.

2상이 존재할 경우

$$k_w = 10.24\left(\sigma\cos\theta\right)^2 \phi\lambda \int_0^{S_w} \frac{dS}{p_c^2} \tag{6.49}$$

이므로 습윤상 유체의 상대투과도는

$$k_{rw} = \frac{k_w}{k} = \frac{\int_0^{S_w} \frac{dS}{p_c^2}}{\int_0^1 \frac{dS}{p_c^2}} \tag{6.50}$$

이다. 유사한 방법으로 비습윤상 유체의 상대투과도는 다음과 같다.

$$k_{rnw} = \frac{k_{nw}}{k} = \frac{\int_{S_w}^1 \frac{dS}{p_c^2}}{\int_0^1 \frac{dS}{p_c^2}} \tag{6.51}$$

연습문제

01 방사형 유동에 대한 Darcy 법칙을 이용하여 물의 분별 유동 f_w가 아래와 같이 나타남을 보여라.

$$f_w = \frac{q_w}{q_w + q_o} = \frac{1}{1 + k_{ro}\mu_w / k_{rw}\mu_o}$$

이 때 모세관력은 무시될 수 있으며 $dp_o / dr = dp_w / dr$로 가정한다. 또한 다음과 같은 실험실 자료가 주어져 있다.

S_w	k_{ro}	k_{rw}	$p_{c,\,\text{lab}}$[psi]
1.00	0.00	1.00	1.0
0.90	0.04	0.78	3.4
0.80	0.14	0.58	3.9
0.70	0.29	0.39	4.5
0.60	0.49	0.23	5.7
0.50	0.73	0.09	8.4
0.40	1.00	0.00	18.0
0.30	1.00	0.00	∞

$\rho_o = 0.85\,\text{g/cm}^3$
$\rho_w = 1.00\,\text{g/cm}^3$
$\sigma_{res.} = 22\,\text{dyn/cm}$
$\sigma_{lab} = 75\,\text{dyn/cm}$
$\mu_o = 15.0\,\text{cp}$
$\mu_w = 1.0\,\text{cp}$

이 자료와 임계 오일포화율 $S_{oc} = 0.05$을 이용하여 물-오일 접촉면(WOC) 이상의 높이에 따른 물 분율에 대한 그래프를 그려라. 물-오일 접촉면으로부터 15 m 위 지점에서의 물 분율은 얼마인가?

02 아래의 실험실 자료는 정적 조건의 오일-물 주입 실험에서 상대투과도를 측정하기 위해 기록한 값이다.

q_o [cm^3/time]	q_w [cm^3/time]	Δp [psi]	V_w [cm^3]
90	0	49.25	2.17
75	5	91.29	2.87
60	9	109.52	3.63
45	20	123.30	4.65
30	34	137.05	5.93
15	85	164.30	7.95
0	122	147.00	9.86

V_w 는 중량을 통해 측정된 코어 시료 내 물의 체적이며, q_o 와 q_w 는 각각 시료를 통과하는 오일과 물의 유동율이다. Δp 는 압력 강하를 의미한다.

이 외의 추가적인 정보는 다음과 같다.

절대투과도	16.7 md	코어 시료의 길이	9 cm
코어 시료의 직경	3.2 cm	오일 점도	2.0 cp
물 점도	1.1 cp	공극률	0.20

1 atm = 14.65 psi

위의 자료를 이용하여 k_{ro} 와 k_{rw} 에 관한 상대투과도 곡선을 그려라.

03 다음 표는 일정 주입률로 물을 주입하여 오일을 대체하는 비정상상태 상대투과도 측정에 대한 코어 실험 결과이다. 주입수의 공극체적(W_i), 누적 오일 생산량(Q_o), 코어 양단의 압력감소 Δp 을 시간의 함수로 기록하였다.

W_i PV	Q_o %IOIP	Δp psi
0.339	38.28	9.02
0.351	38.95	8.30
0.395	40.10	6.91
0.439	40.91	6.07
0.502	41.92	5.42
0.587	42.95	4.87
0.670	43.77	4.55
0.840	45.11	4.00
1.137	46.55	3.32
1.604	47.96	2.78
2.029	48.96	2.52
2.624	50.08	4.42
3.225	50.78	2.30
4.346	51.78	2.13
5.719	52.67	1.99
7.092	53.23	1.90
8.464	53.67	1.83
10.516	54.16	1.7
11.203	54.34	1.75
12.578	54.60	1.74
13.271	54.71	1.70
14.644	54.82	1.70
16.016	54.90	1.70

실험에 사용된 다른 데이터는 다음과 같다.

주입률 : 100 cc/hr

불감소 물포화도 : 11.90%

코어 길이 : 54.7 cm

코어 직경 : 4.8 cm

평균 공극률 : 30.58%

절대투과도 : 3.42 darcy

오일 점도 : 108.37 cp

오일 밀도 : 0.959 g/cm^3

물 점도 : 1.01 cp

물 밀도 : 0.996 g/cm^3

오일-물 계면장력 : 26.7 dynes/cm

불감소 물 포화율에서 오일의 유효투과도 : 3.16 darcy

물 돌파 시 오일 회수율 : 38.28% IOIP

실험 종료 시점에서 최종 오일 회수율 : 54.9% IOIP

물과 오일의 상대투과도 곡선을 구축하시오.

제7장
저류암과 유체의 압축도

PHYSICAL PROPERTIES OF RESERVOIR ROCKS AND FLUIDS
저류암과 유체의 물성

7.1 저류암과 유체의 압축도

모든 물질은 압축성이 있고 물질마다 압축성이 다르다는 점에서 압축도는 매우 중요한 자연적 현상이다. 따라서 압축도는 지하 석유 생산에 있어 중요한 "드라이브 메커니즘"이다.

석유와 천연가스는 자연적으로 존재하는 탄화수소 화합물로 고온, 고압상태의 저류층 내에서 복잡한 화학성분으로 존재한다. 한편, 지상으로 생산하게 되면 온도와 압력은 감소되며 저류층 내에서의 유체의 성분에 따라 지상에서의 탄화수소 화합물의 상태가 결정된다. 생산이 진행되면서 석유, 가스 및 물과 같은 저류층 내 유체의 양이 감소하게 되고 이로 인해 저류층 내 잔존 유체는 압력 감소와 같은 물리적 변화를 겪는다.

따라서 생산공정을 충분히 이해하고 제어하기 위해서는 탄화수소 화합물의 물리적 물성과 압력과 온도에 따른 변화를 연구해야 한다. 이러한 자료는 저류층 내 유체 거동을 예측하는데 매우 중요하다.

오일, 가스 및 지층수를 생산하는 대부분의 경우 저류층 유체가 감소하여 압력이 감소하게 되고, 이로 인해 발생하는 체적 팽창과 관련이 크다. 따라서 압축도는 전반적인 지하 석유 생산에 중요한 역할을 한다.

7.2 고체, 액체 및 기체의 압축도

압력과 온도는 탄화수소 화합물의 중요한 인자이다. 평형 상태는 이 두 가지 인자에 의해 정의되며 그에 따라 유체의 상 거동도 발생하게 된다, 예를 들어 오일과 가스의 체적비가 그러하다. 대부분의 경우 저류층 온도는 거의 변하지 않거나 일정하게 유지되기 때문에 지층 암석과 그 내부에 포함된 포화유체의 경우 압력감소로 인한 공극 체적과 유체 변화는 저류 유체 생산에 대한 지배적 현상이다. 지표상으로 가져온 저류층 유체의 체적은 압력과 온도의 변화를 겪을 것이다. 즉 압력과 온도의 강하로 인한 체적 변화는 오일과 가스의 최종 상태를 특성화한다.

압축도(壓縮度, compressibility)와 **팽창도**(膨脹度, expansion)의 항으로 물질의 일반적인 거동을 나타낼 수 있다.

$$c = -\frac{1}{V}\left(\frac{\partial V}{\partial p}\right)_T \tag{7.1}$$

$$\beta = \frac{1}{V}\left(\frac{\partial V}{\partial T}\right)_p \tag{7.2}$$

여기에서 c는 등온 압축도이고($c \geq 0$)이며 β는 등압 열팽창도이다($\beta \geq 0$).

실제로 서로 다른 탄화수소화합물 성분의 평균 압축도 인자를 사용하는 것이 일반적이다. 저류층 생산과 관련하여 압축도들을 다음과 같이 구별한다.

- 암석 입자 압축도 : c_r
- 암석 총(겉보기) 압축도 : c_b
- 액체 압축도 (오일 또는 초기 물) : c_o과 c_w
- 가스 압축도 : c_g

7.2.1 암석 응력과 압축도

암석이 외부 하중 또는 힘을 받을 때 내부 응력은 상승하고 응력이 충분히 크면 암석의 체적과 형태의 변화가 나타날 것이다. 초기 조건 하에서 암석시료의 표면에 작용하는 응력(應力, stress)은 표면에 직각인 수직응력(垂直應力, normal stress) 벡터와 면에 평행한 두 개의 전단응력(剪斷應力, shear stress)으로 구성된다. 일반적인 응력 조건은 그림 7.1에서 보이는 것과 같이 아홉 가지 성분을 가진 응력 텐서(stress tensor)로 나타난다. 응력 텐서는 다음과 같이 행렬 형태로 쓴다.

$$\begin{pmatrix} \sigma_x & \tau_{yx} & \tau_{xz} \\ \tau_{yx} & \sigma_y & \tau_{yz} \\ \tau_{zx} & \tau_{zy} & \sigma_z \end{pmatrix} \tag{7.3}$$

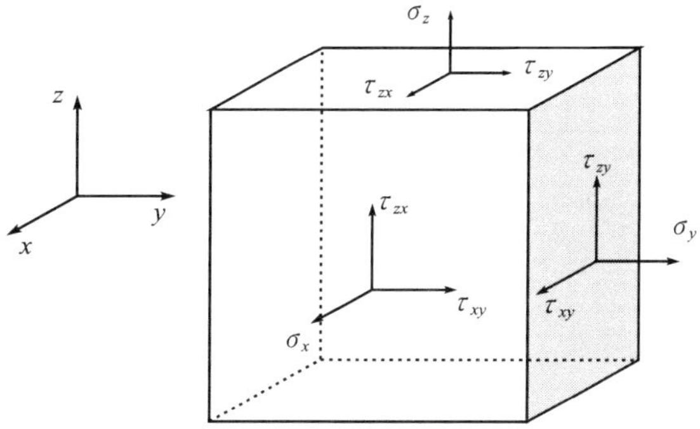

그림 7.1 암석층의 응력 조건

평형 조건으로 인해 응력 텐서는 대각선 방향으로 대칭이며 이는 $\tau_{xy} = \tau_{yx}$ 등을 의미한다. 따라서 응력 텐서 내에는 오직 여섯 개의 독립 응력 성분이 있다.

3개의 수직 응력 : $\sigma_x, \sigma_y, \sigma_z$

3개의 전단 응력 : $\tau_{xy}, \tau_{yz}, \tau_{zx}$

지하에 존재하는 오일 및 가스 저류층은 암석과 물에 의한 상재하중(上載荷重, overload)과 주위 암석으로부터 횡구속응력(橫拘束應力, lateral confinement stresses)을 받는다(그림 7.2). 이 때 모든 전단응력은 0이고 수직응력의 최대값을 가지고 있는 직교축이 존재하는데 이러한 응력을 주응력(主應力, principal stress)이라 한다.

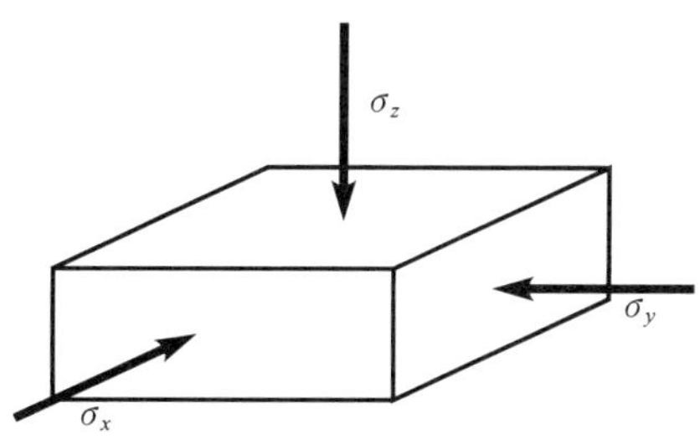

그림 7.2 저류암의 주응력

대부분의 저류층에서 수직 주응력의 방향은 그림 7.2와 같다. 주요 주응력 σ_z는 중력에 평행하게 작용하는 반면 두 수평 응력 σ_x, σ_y 은 수평면에서 작용한다($\sigma_z > \sigma_x, \sigma_y$).

평균수직응력은 일반적으로 다음과 같이 정의한다.

$$\bar{\sigma} = \frac{1}{3}\left(\sigma_x + \sigma_y + \sigma_z\right) \tag{7.3}$$

그리고 주응력의 집단적 작용으로 인해 암석 물질이 변형될 것이다. 상대 종변형(相對 縱變形, relative longitudinal deformation)은 주변형률(主變形率, principal strain)에 의해 표현된다.

$$\varepsilon_i = \frac{\Delta l_i}{l_i} = \frac{l_i - l'_i}{l_i} \tag{7.4}$$

여기에서 l_i는 i 방향($i = x$, y, z)의 초기 암석 길이이고 l' 은 변형 후 길이이다.

주변형률의 합은 상대 체적 변화 $\Delta\varepsilon = (\varepsilon_x + \varepsilon_y + \varepsilon_z)$ 을 가져온다. 전단응력이 0이 아닌 경우에는 암석의 회전 또는 재배치가 발생한다.

응력-변형률 관계는 여러 인자의 영향을 받으나 암석 성분과 암석학, 암석 물질 고결 정도, 고결 물질의 유형, 암석 입자 압축도 및 공극률, 그리고 저류층 내 온도와 압력이 가장 중요한 인자로 들 수 있다.

만약 암석이 모든 방향에서 같은 특성을 갖는 등방성이고 단순화를 위해, 응력 역시 주응력 방향에 속한다고 가정해보자. 암석 물질의 체적 변형이 탄성한계 내에서 일어날 때 Hooke 법칙은 응력 σ 와 변형률 ε 간에 비례 관계가 성립함을 나타낸다. 여기에서 σ_1, σ_2, σ_3 은 주응력 방향이다.

$$\sigma_1 = E\varepsilon_1 \tag{7.5}$$

여기에서 E 는 탄성 Young률(Young's modulus)이라 하고 첨자는 같은 방향에서 응력과 변형의 변화가 발생했음을 말하며 이 방향에 수직인 응력은 일정하다.

원통 암석 시료가 장축(長軸, long axis)에 평행한 압축응력 σ_1을 받으면 시료는 짧아지고 직경 및 변형률 ε_1은 증가한다. Poisson 비(Poisson ratio, ν)는 축방향 변형률에 대한 횡방향 변형률의 비로 표현되는데 횡방향 변형률을 각각 ε_2와 ε_3라 하면 횡방향 변형은

$$\nu = \frac{\varepsilon_2}{\varepsilon_1} = \frac{\varepsilon_3}{\varepsilon_1} \tag{7.6}$$

과 같이 표현된다. 여기에서 ε_1은 주 변형 방향의 변형률이다.

Poisson 비는 세 주응력이 결합하여 한 주축을 따라 변형이 발생함을 나타내며 축방향과 횡방향 변형을 결합하였다는데 중요한 의의가 있다. 이는 3차원 Hooke 법칙을 통해 알 수 있다.

$$E\varepsilon_x = \sigma_x - \nu\left(\sigma_y + \sigma_z\right) \tag{7.7}$$

$$E\varepsilon_y = \sigma_x - \nu\left(\sigma_x + \sigma_z\right) \tag{7.8}$$

$$E\varepsilon_z = \sigma_z - \nu\left(\sigma_x + \sigma_y\right) \tag{7.9}$$

위 식은 초기 조건이 무응력 상태일 때의 변형률을 나타낸 것이다. 초기조건이 무응력 상태가 아닐 경우에는 초기조건을 고려해 응력의 변화 $\Delta\sigma_x$와 같은 형태로 변형하여 사용할 수 있다.

암석 물질에 작용하는 모든 3가지 주응력에 의한 총 변형은 $\Delta V = (\varepsilon_x + \varepsilon_y + \varepsilon_z)V$로 표현된다. 식 7.7~7.9의 Hooke 법칙을 이용하면 상대 체적 변화를 구할 수 있다.

$$\frac{\Delta V}{V} = \frac{3\bar{\sigma}\left(1-2\nu\right)}{E} \tag{7.10}$$

암석의 상대 체적 변형은 미분 형태의 압축도 식 7.1을 이용해 나타낼 수도 있다.

$$\frac{\Delta V}{V} = c_r \Delta\sigma \tag{7.11}$$

c_r 을 도입할 때 암석은 내부에 공극 또는 균열이 없는 완전 고체로 가정한다. 식 7.10과 7.11을 결합하면 압축도와 탄성도 간의 관계를 다음과 같이 표현할 수 있다.

$$c_r = \frac{3(1-2\nu)}{E} \tag{7.12}$$

이 때 탄성상수 E 와 ν 또한 암석이 완전 고체 물질일 경우의 값이다.

식 7.12에서 암석 물질의 압축도와 탄성 간에 중요한 관계를 구축할 수 있다. 암석의 변형이 탄성 범위 내(그림 7.3)에 있다고 가정하면 압축도는 일정하다.

$$\frac{dV}{V} = -c_r d\sigma \tag{7.13}$$

식 7.1에 따라 변형 체적 V 는 다음과 같다.

$$V = V_0 e^{-c_r(\sigma-\sigma_0)} \cong V_0\left[1-c_r\left(\sigma-\sigma_0\right)\right] \tag{7.14}$$

단 $c_r\Delta\sigma$ 값이 작을 때, 즉 $c_r\left(\sigma-\sigma_0\right) << 1$ 일 때 이러한 근사식이 성립한다.

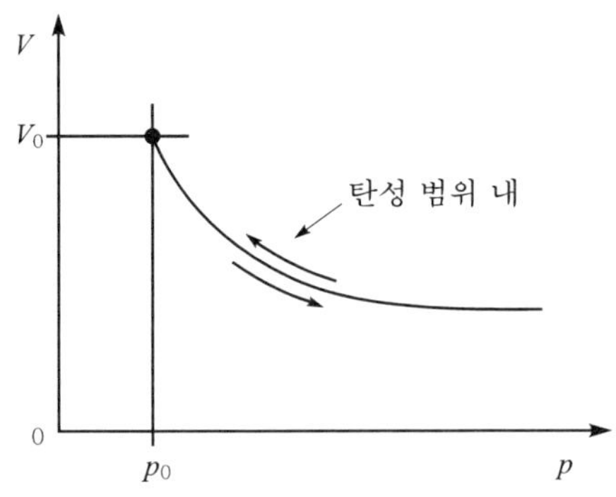

탄성 범위 내

그림 7.3 탄성 거동(압축도 인자 일정) 조건 하에 암석의 총체적 변화

식 7.1 또는 7.14에 따라 압축도 c_r 의 차원은 압력의 역수이다.

$$[c_r]=[\sigma]^{-1}$$

석영과 같은 보통 저류암의 압축도(c_{quarts})는 ~2.5×10^{-6} bar^{-1}이다.

7.2.2 액체 압축도

고체(암석) 물질에서 다룬 것과 같은 원리로 액체의 변형을 설명할 수 있다. 액체의 탄성범위 내에서 일정한 압축도를 예상할 수 있고 식 7.1과 7.14를 이용하여 다음의 식을 구할 수 있다.

$$V_l=V_{l_0}e^{-c_l(p-p_0)}\cong V_{l_0}\left[1-c_l\left(p-p_0\right)\right] \tag{7.15}$$

단 $c_l\left(p-p_0\right)<<1$ 일 때 최종 근사식이 성립한다.

액체는 조성에 따라 상이하게 거동한다. 물은 거의 비압축성이고 압축도 인자는 c_w ~4.6×10^{-5} bar^{-1}이다. 반면 오일은 오일 성분, 즉 경질 및 중질 탄화수소 화합물과 오일 내 함유 가스의 양에 따라 다양한 압축도 인자를 가진다. 예를 들어 블랙오일(black oil)은 ~2.5×10^{-5} bar^{-1}의 압축도를 가지는 반면 경질유는 용해가스의 함량에 따라 훨씬 더 높은 압축도를 가진다.

7.2.3 가스 압축도

경험에 따르면 가스는 고압축성이다. 또한 보편적 특성을 통해 압축도 성질을 일관되게 나타내기 위해 식 7.1을 이용하면 가스 압축도를 고체 및 액체와 동일하게 정의할 수 있다.

이상기체의 경우 이상기체 법칙(理想氣體 法則, ideal gas law)이 성립한다.

$$pV = nRT \tag{7.16}$$

여기에서, ρ : 기체상의 절대압력

V : 기체의 체적

T : 기체의 절대온도

n : 질량을 분자량으로 나눈 값과 동일한 기체의 몰수

R : 기체 상수.

식 7.1과 7.16을 결합하면 다음 식을 얻을 수 있다.

$$c_g = -\frac{1}{V}\frac{\partial V}{\partial p} = \frac{1}{p} \tag{7.17}$$

이 추론으로부터 등온이라는 가정 하에 가스 압축도는 일정한 값이 아니고 압력에 역으로 변하는 것으로 결론지을 수 있다.

실제기체 법칙(實際氣體 法則, real gas law)은 다음과 같다.

$$pV = znRT \tag{7.18}$$

여기에서 z 는 이상기체 거동으로부터 비이상적 편차를 나타내는 보정인자(補正因子, deviation factor)이다.

압축도는 체적 변형을 나타내기 때문에 체적을 압력, 온도와 비이상적 인자의 함수 즉 $V = V(p,T,z)$ 로 가정할 수 있다. 체적 함수를 미분하면

$$dV = \frac{\partial V}{\partial p}dp + \frac{\partial V}{\partial T}dT + \frac{\partial V}{\partial z}dz$$
$$= \frac{\partial V}{\partial p}dp + \frac{\partial V}{\partial T}dT + \frac{\partial V}{\partial z}dz$$

이다. 저류층 조건에서 T 는 일정하므로

$$-\frac{1}{V}\frac{\partial V}{\partial p} = \frac{1}{p} - \frac{1}{z}\frac{dz}{dp}$$

저류층 내 실제가스에 대한 압축도를 얻을 수 있다,

$$c_g = \frac{1}{p} - \frac{1}{z}\frac{dz}{dp} \tag{7.19}$$

보정인자 z 는 압력과 온도의 비자명 함수(非自明 函數, non-trivial function)이다. 그림 7.4에서 보는 것과 같이 z 인자는 일반적으로 **유사환산 압력**(類似換算 壓力, pseudoreduced pressure) p_{pr} 과 **유사환산 온도**(類似換算 溫度, pseudoreduced temperature) T_{pr} 의 함수로 나타낸다.

$$z = z\left(p_{pr}, T_{pr}\right) \tag{7.20}$$

여기에서 유사환산 압력과 유사환산 온도는 다음과 같이 정의한다,

$$p_{pr} = \frac{p}{p_{pc}}, \quad T_{pr} = \frac{T}{T_{pc}} \tag{7.21}$$

여기에서 p_{pc} 와 T_{pc} 는 각각 **유사임계 압력**(類似臨界 壓力, pseudocritical pressure)과 **유사임계 온도**(類似臨界 溫度, pseudocritical temperature)이다

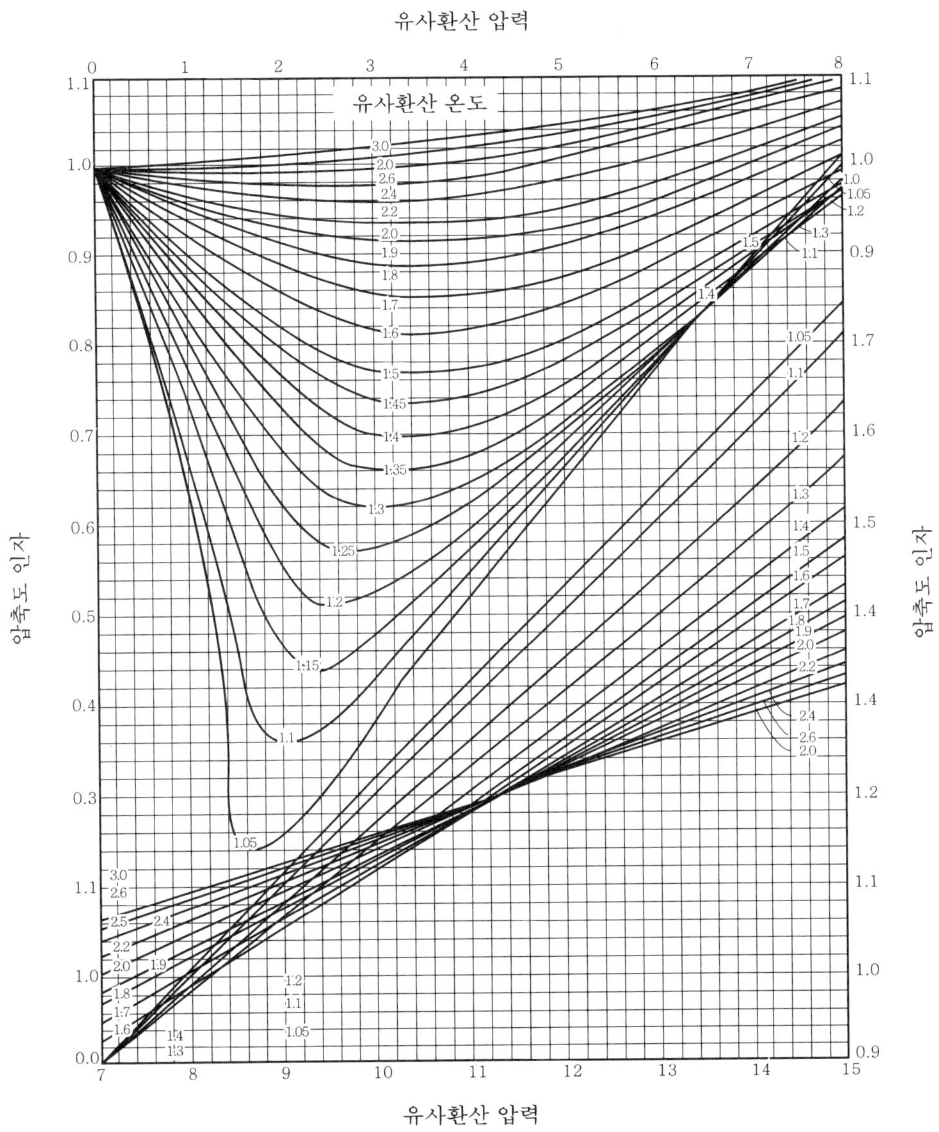

그림 7.4 유사 환산 압력 p_{pc} 과 유사 환산 온도 T_{pc} 의 함수인 z −인자

탄화수소 성분의 수가 m인 화합물에 대한 유사임계 압력과 온도를 다음과 같이 정의한다.

$$p_{pc} = \sum_{i}^{m} y_i p_{ci}\ ,\ T_{pc} = \sum_{i}^{m} y_i T_{ci} \tag{7.22}$$

여기에서 p_{ci}와 T_{ci}는 탄화수소 성분의 임계압력과 온도이고 y_i는 체적 분율 또는 Avogadro 법칙으로 주어진 각 성분의 몰분율이다.

7.3 다공성 암석의 변형

다공성 암석은 공극 벽의 표면에 작용하는 내부 공극 압력 p뿐만 아니라 외부 구속응력 σ도 작용하므로 탄성변형 또는 압축도는 복잡한 문제이다. 다공성 암석에 작용하는 총 외부 응력은 공극 압력과 암석입자를 통해 작용하는 힘에 의해 균형을 맞춘다. 그림 7.5의 총 응력은 외부 표면에 작용하는 압력인 반면 공극 압력과 암석 입자를 통해 작용하는 힘은 반작용 압력이다.

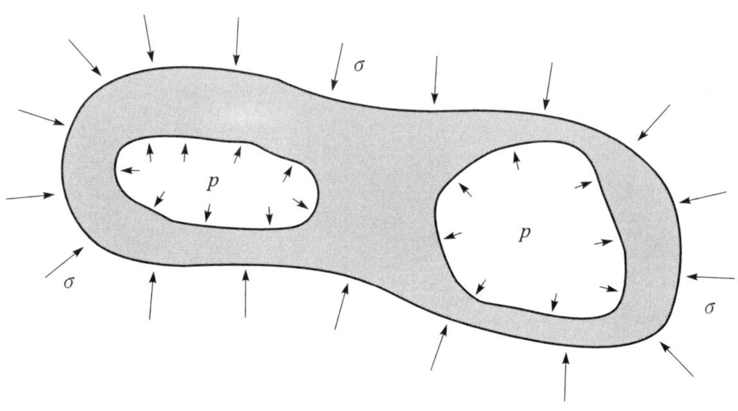

그림 7.5 다공성 암석에 작용하는 응력

암석 및 토질 역학의 관점에서 보면 다공 투과성 물질의 변형은 가해진 총응력과 공극 압력 간의 차인 **유효응력**(有效應力, effective stress)에 따라 결정된다. Terzaghi가 최초로 도입한 유효응력은 다음과 같이 정의된다.

$$\sigma' = \sigma - p \tag{7.23}$$

이후 유효응력은 다음과 같이 일반화되었다.

$$\sigma' = \sigma - \alpha p$$

여기에서 Biot 상수 α는 1과 같거나 이하의 수이다($\alpha \leq 1$). 대부분의 저류암에서 α는 1에 근접하므로 무시할 수 있다. 유효응력의 개념은 엄밀한 이론적 고려가 아닌 근사값으로 간주해야 한다. 다공성 암석의 경우 Hooke 법칙에서의 응력은 유효응력으로 대체해야 한다.

저류층이 생산할 때 일반적으로 저류층 압력은 감소한다. 그러나 상부 하중은 대체로 일정하게 유지되므로 수직 유효응력은 증가하여 저류암 압밀을 야기할 것이다. 또한 수평 응력도 공극 압력에 따라 변하기 때문에 완전한 응력 상태를 결정하기 어렵다.

저류공학에서는 우선적으로 체적 거동이 중요하다. 체적변화는 가해진 평균 응력으로 주어지므로 간략화를 위해 다공성 암석에 정수역학적 응력장을 가정한다.

저류유체(오일, 기체 또는 최초 물)의 회수로 인한 암석에 대한 유효응력의 변화는 공극 체적 V_p의 변형뿐 아니라 총체적 V_b의 변형도 야기한다. 일반적으로 외부 응력 σ와 공극 압력 p는 모두 총체적 또는 공극 체적의 변화를 일으킬 수 있다. 따라서 총체적 및 공극 체적은 외부응력과 공극 압력의 함수로 정의된다.

$$V_b = V_b(\sigma, p)$$
$$V_p = V_p(\sigma, p) \tag{7.24}$$

식 7.24를 미분하여 상대 체적 변화를 구하면

$$\frac{dV_b}{V_b} = \frac{1}{V_b}\left(\frac{\partial V_b}{\partial \sigma}\right)d\sigma + \frac{1}{V_b}\left(\frac{\partial V_b}{\partial p}\right)dp$$

$$\frac{dV_p}{V_p} = \frac{1}{V_p}\left(\frac{\partial V_p}{\partial \sigma}\right)d\sigma + \frac{1}{V_p}\left(\frac{\partial V_b}{\partial p}\right)dp \tag{7.25}$$

이 된다.

식 7.1의 등온 압축도 정의를 사용하면 네 가지의 압축도가 정의되며 식 7.25은 다음과 같이 쓰여진다.

$$\frac{dV_b}{V_b} = -c_{b\sigma}d\sigma + c_{bp}dp$$

$$\frac{dV_p}{V_p} = -c_{p\sigma}d\sigma + c_{pp}dp \tag{7.26}$$

여기에서 "음" 부호는 σ가 증가할 때 총체적과 공극 체적 모두 감소하는 반면 p가 증가하면 총체적과 공극 체적 모두 증가함을 의미한다.

식 7.26에서 정의된 네 가지 압축도는 모두 독립적은 아니며 탄성이론을 통해 압축도 간의 관계 분석이 가능하다. 이 과정의 목적은 공극 압축도를 총체적과 암석 물질의 압축도 함수 $c_p = c_p\left(c_b, c_r\right)$로 나타내기 위해서이다.

7.3.1 압축도 측정

다공성 암석 시료를 실험실로 가져와 외부 응력 σ 에서 그림 7.6 좌측에 보이는 것과 같이 공극 압력을 일정하게 유지하면서($dp = 0$) 시료에 외부응력 σ 를 증가시키면 식 7.26 은 다음과 같이 정리된다.

$$\frac{dV_b}{V_b} = -c_{b\sigma} d\sigma \tag{7.27}$$

$c_{b\sigma}$ 는 암석입자 물질의 탄성율과 공극 공간의 형상에 의존하므로 일반적으로 총 압축도로 특성화된 독립 인자로 고려해야 하므로 $c_{b\sigma} = c_b$ 이 성립한다.

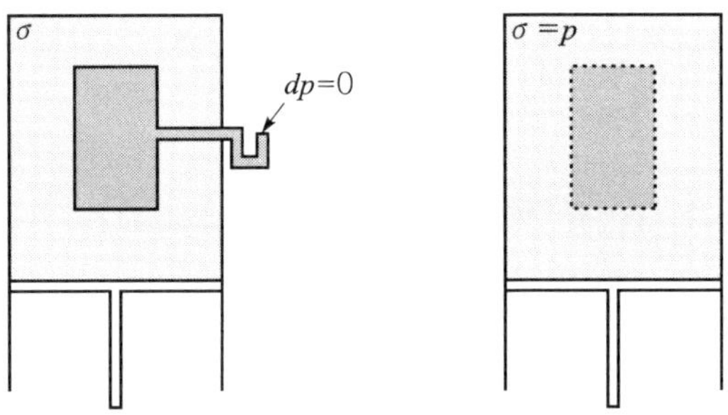

그림 7.6 다공성 암석에 작용하는 응력

반면 암석시료가 내부압력과 동일한 외부 응력에 노출된다면($d\sigma = dp$) (그림 7.6 우측) 식 7.26은 다음과 같이 나타난다.

$$\frac{dV_b}{V_b} = \left(-c_b + c_{bp}\right) d\sigma$$

$$\frac{dV_p}{V_p} = \left(-c_{p\sigma} + c_{pp}\right) d\sigma \tag{7.28}$$

여기에서 $d\sigma = dp$ 이고 $c_{b\sigma} = c_b$ 이다.

공극 압력이 구속응력(confining stress)과 동등하게 증가/감소할 때 다공성 암석의 변형에 대한 공극 효과는 오직 암체 물질 자체와 관련 있다. 외부로부터 보면 물질은 완전한 고체 암석처럼 거동할 것이다. 이 조건 하에서 암석시료의 압축도는 암석 물질의 압축도 c_r 과 같다. 식 7.28으로부터 다음의 압축도 간 관계가 연역된다.

$$\begin{aligned} -c_b + c_{bp} &= -c_r \\ -c_{p\sigma} + c_{pp} &= -c_r \end{aligned} \tag{7.29}$$

여기에서 c_r 에 대한 음의 부호는 암석의 압축으로 인한 체적감소를 의미한다.

7.3.2 Betti의 탄성 상반 이론

외부응력과 공극압력이 모두 변하면 그에 따라 총체적 및 공극 체적이 변한다.

$$\begin{aligned} dV_b &= dV_b(\sigma) + dV_b(p) \\ dV_p &= dV_p(\sigma) + dV_p(p) \end{aligned} \tag{7.30}$$

여기에서 $dV_b(\sigma)$ 는 외부응력에 대한 체적 변화이고 $dV(p)$ 는 공극 체적에 대한 체적 변화이다.

Betti 정리는 공극 압력으로 인한 총체적의 팽창 $dV_b(p)$ 와 외부 응력의 변화량 $d\sigma$ 의 곱으로 주어진 가상의 일(hypothetical work)은 외부응력으로 인한 공극 체적 팽창 $dV_p(\sigma)$ 와 공극 압력변화 dp 의 곱으로 주어진 일과 같음을 나타낸다.

$$dV_b(p)\,d\sigma = dV_p(\sigma)\,dp \tag{7.31}$$

식 7.31에서 식 7.26을 이용하면 다음을 얻을 수 있다.

$$-V_b c_{bp}\,dp\,d\sigma = -V_p c_{p\sigma}\,d\sigma\,dp \tag{7.32}$$

여기에서 $c_{bp} = c_b$ 이다. 첫 항의 음 부호는 힘과 변위는 반대 방향임을 나타낸다. 공극률을 $\phi = \frac{V_p}{V_b}$ 로 정의하므로 이를 대입하면 총 압축도는 다음과 같다,

$$c_{bp} = \phi c_{p\sigma} \tag{7.33}$$

그리고 식 7.29와 7.33을 결합하여 다음을 얻는다.

$$c_p = \frac{c_b - (1+\phi) c_r}{\phi} \tag{7.34}$$

여기에서 $c_{pp} = c_p$ 는 공극 체적 압축도이다. 이 공식은 공극 압축도와 그림 7.6에 묘사한 실험처럼 수직으로 측정된 인자인 총 압축도 및 암석 압축도 간의 관계를 나타낸다.

7.4 액체로 포화된 저류암의 압축도

암석 물질과 같은 균질 물질의 압축도 c_r 과 오일, 물, 또는 기체 같은 포화유체의 압축도는 모두 식 7.1에 의해 정의된다. 압력강하 Δp 가 충분히 작은 경우 이 정의를 이산(離散, discrete) 형태로 표현할 수 있다.

$$c = \frac{1}{V}\frac{\Delta V}{\Delta p} \rightarrow \Delta V = cV\Delta p \tag{7.35}$$

물, 오일, 가스상의 압축도 c_w, c_o, c_g 에 의해 공극 체적 내 포함된 유체의 압축도 c_f 를 정의할 수 있다. 공극 체적을 유체 상 체적으로 전개하면 $V_f = V_w + V_o + V_g$ 와 같이 나타낼 수 있으며, 공극 압력의 변화는 유체 체적을 변화시키므로 유체 압축도는 다음과 같이 나타난다.

$$\Delta V_f = \Delta V_w + \Delta V_o + \Delta V_g$$

$$c_f = c_w \frac{V_w}{V_p} + c_o \frac{V_o}{V_p} + c_g \frac{V_g}{V_p} = c_w S_w + c_o S_o + c_g S_g \tag{7.36}$$

오일 및 가스 생산과 관련하여 암석-유체 시스템의 총 압축도는 중요한 요소다. 총 압축도는 유체 압축도 c_f 로 주어진 유체의 팽창과 공극 압력이 감소될 때 식 7.34에서 c_p 로 주어진 공극 체적의 감소를 의미한다.

$$\begin{aligned} c_t &= c_p + c_f \\ &= \frac{c_b - (1+\phi)c_r}{\phi} + c_w S_w + c_o S_o + c_g S_g \\ &= \frac{1}{\phi}\left[c_b - (1+\phi)c_r + \phi\left(c_w S_w + c_o S_o + c_g S_g\right)\right] \end{aligned} \tag{7.37}$$

유효 탄화수소 압축도는 탄화수소로 점유된 공극 공간에 관계되는 유용한 항이다.

$$c_{\mathrm{HC}} = c_o S_o + c_g S_g$$

이와 동시에 중요한 항은 탄화수소 생산의 결과로 압력을 방출될 때 최초 물의 팽창과 공극 체적의 감소를 나타내는 유효 압축도다. 이 항은 비탄화수소 압축도로 정의한다.

$$c_{\mathrm{non-HC}} = \frac{c_b - (1+\phi)c_r + \phi c_w S_w}{\phi}$$

오일 또는 가스의 생산으로 저류층 내 공극 압력이 감소하게 되면 평형을 이루던 저류층 내 응력 상태는 변하게 된다. 이와 같이 암석 물질에 대한 유효응력의 변화는 공극률 $\phi = \frac{V_p}{V_b}$ 을 변화시키는 원인이 된다.

공극률을 미분하면 다음과 같은 식을 얻게 된다.

$$\frac{d\phi}{\phi} = \frac{dV_p}{V_p} = \frac{dV_b}{V_b} \tag{7.38}$$

식 7.26을 식 7.38에 대입하여 얻은 식에서 c_{pp} 는 공극 압축도 c_p , $c_{b\sigma}$ 는 총 압축도 c_b 이므로 다음과 같이 정리된다.

$$\frac{d\phi}{\phi} = \left(c_p dp - c_{p\sigma} d\sigma\right) - \left(c_{bp} dp - c_b d\sigma\right) \tag{7.39}$$

식 7.29와 7.34를 식 7.39와 결합하면 다음과 같다,

$$d\phi = -c_b\left(1-\phi\right) - c_r d\left(\sigma - p\right) \tag{7.40}$$

여기에서 공극률 변화 $d\phi$ 는 유효 응력의 변화에 비례한다. 이러한 경우 유효응력이 정확한 이론적 결과임을 주목해야 한다.

저류층 조건 하에서 구속응력(拘束應力, confinement stress)은 일정하므로 $d\sigma = 0$ 이고 공극률 변화는

$$\Delta\phi = c_r\left[\frac{c_b}{c_r}\left(1-\phi\right) - 1\right]\Delta p \tag{7.41}$$

이다. 여기에서 저류층 내 유체 생산으로 인한 압력강하 Δp 는 물질을 탄성한계 이내에서 유지시킬 정도로 충분히 작다.

비다공성 암석($\phi \to 0$)에서 총 압축도는 암체 압축도와 같으며($c_b = c_r$) 이는 하한치이다 ($\frac{c_b}{c_r} \geq 1$). 전형적인 사암의 경우 $\frac{c_b}{c_r}$ 비는 4~100정도이다. 공극률이 5~10% 이상인 사암 저류층의 경우 식 7.41의 대괄호 안의 항은 항상 "양"이 된다.

공극 압력이 감소하면 ($p_1 > p_2$) 공극 변형이 관측된다($\phi_1 > \phi_2$). 즉 압력이 감소할 때 저류층 내에서 공극률이 감소하는데 이는 비포화 오일 저류층의 중요한 드라이브 메커니즘이다.

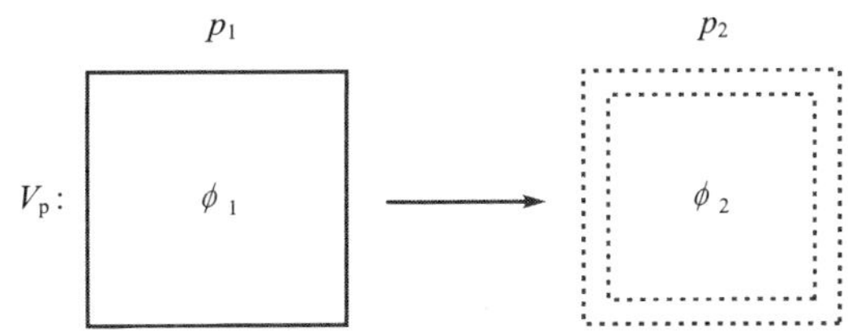

그림 7.7 일정 구속압력과 공극 압력의 감소는 공극 체적 감소를 야기

구속응력이 일정하다는 가정 하에서 저류층 공극률은 공극 압력과 함께 감소한다. 실험 연구를 위해 지상으로 가져온 암석 시료 내 공극률 변화는 어떠할까? 이 질문은 유정으로부터 추출한 코어 시료에 대한 실험실 측정이 저류층 특성에 관해 상당히 직접적인 정보원 중 하나로 이용할 수 있기 때문에 매우 중요하다.

식 7.40은 압력차 $(\sigma - p)$의 변화에 대한 공극률의 변화를 나타낸다. 저류층 내 초기 조건 하에서 압력차는 통상 구속압력이 공극 압력보다 크기 때문에 $(\sigma - p)_R > 0$ 이다. 실험실 또는 정상 대기압의 상태에서 구속압력과 공극 압력은 같아지므로 $(\sigma - p)_L = 0$이 된다.

다공성 암석 시료에 대해 총 및 암석 입자 압축도는 $\left[c_b(1-\phi) - c_r\right] > 0$ 이므로 암석 시료를 지표면으로 가져올 때 공극률은 증가한다. 즉 $\phi_R < \phi_L$ 이다.

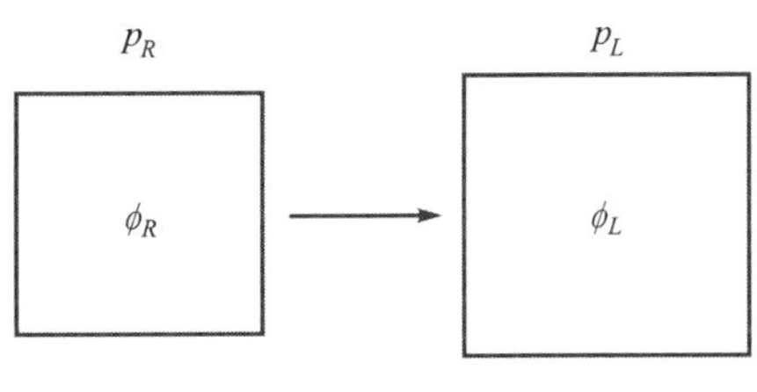

그림 7.8 코어 물질 부상 동안 총체적 변화

연습문제

01 저류층 압력이 1,923 psi, 원생수 포화율(connate water saturation)과 가스포화율이 각각 0.24, 0.31일 때, 총 압축도, 유효 탄화수소 압축도를 구하여라. ($c_o = 10\times10^{-6}$ psi^{-1}, $c_w = 3\times10^{-6}$ psi^{-1}, $c_g = \dfrac{1}{p}$ psi^{-1}, $c_r = c_b = 5\times10^{-6}$ psi^{-1})

02 저류층의 초기압력이 6,500 psi이고 평균 공극률이 19%, 겉보기 압축도가 3.8×10^{-6} psi^{-1} 이다. 폐기 압력이 500 psia라고 할 때 폐기 시 공극률을 구하여라.

03 150°F에서 압력에 따른 z-인자가 다음과 같은 가스 저류층이 있다고 하자. z-인자와 압력 간의 관계를 그래프로 그려서 1,000 psia, 2,200 psia, 4,400 psia에서 그래프의 기울기 및 가스 압축도를 구하여라

p [psia]	0	500	1,000	2,000	3,000	4,000	5,000
z	1.00	0.92	0.86	0.80	0.82	0.89	1.00

04 완전히 건조된 코어 샘플의 중량이 427.3 g이고 이 샘플을 물로 포화시켰을 때 중량은 448.6 g이다. 포화 샘플을 물에 넣고 중량을 측정한 결과 269.6 g이었다. 또한 이 샘플에 대하여 물의 압력을 일정하게 유지하면서 외압을 가한 결과 아래 표와 같이 물이 축출되었다. 다음 질문에 답하시오.

pressure (psig)	$V_{w,\,expelled}$ (cm^3)
1,000	0.122
2,000	0.162
3,000	0.196
4,000	0.224
5,000	0.250
6,000	0.273
7,000	0.298
8,000	0.315

(1) 중량 측정 결과로부터 공극률을 계산하고 이 공극률이 총 공극률인지 유효 공극률인지 설명하시오.

(2) 입자 밀도 [g/cm^3]를 계산하고 이를 바탕으로 암상(lithology)을 판정하시오.

(3) 공극 체적 압축도의 정의(미분식)로부터 압축도 계산식을 유도하시오.

(4) (3)에서 유도한 식을 이용하여 각 압력에서 공극 체적 압축도를 계산하시오.

제8장
전기 및 열 특성

PHYSICAL PROPERTIES OF RESERVOIR ROCKS AND FLUIDS

저류암과 유체의 물성

이 장에서는 저류공학의 일반적 관심을 끄는 암석물리적 특성인 전기적 물성과 열 물성을 다루게 될 것이다. 전기적 성질은 전기 검층에서 특히 중요하다. 열 물성은 저류층에 열 공법을 적용할 때 반드시 필요하다.

8.1 전기적 성질

8.1.1 전기적 물성의 정의

단일 전도성 유체가 공극을 채우고 있으면 암석에 전류가 통과할 수 있다. 전류는 공극 내 유동 경로를 따라 흐르므로 암석의 저항은 전도성 유체의 저항보다 크다. 투과도 결정 시 유체 유동 저항을 사용한 것과 유사하게 전기 저항을 고려하기 위하여 관 다발 모델을 사용할 수 있다.

포화 유체상(오일과 가스는 무한 저항을 가지므로 일반적으로 물을 고려)의 비저항(比抵抗, resistivity)을 R_w 라 하면 저항(抵抗, resistance)은 $R = \frac{R_w L_e}{A}$ 이므로 단일 모세관을 통한 전류는 다음 식으로 주어진다.

$$I_i = \frac{A_i \Delta V}{R_w L_{ei}} \tag{8.1}$$

여기서 I 는 전류, V 는 전위, A 는 모세관 단면적이다. 시스템의 공극 체적은 $\phi AL = \bar{L}_e \sum_{i=1}^{n} A_i$ 이므로 모든 모세관의 전류를 더하면

$$I = \frac{\Delta V}{R_w \bar{L}_e} \sum_{i=1}^{n} A_i = \frac{\phi AL \Delta V}{R_w \bar{L}_e^2} \tag{8.2}$$

이 된다.

저항을 r 이라고 할 때 다공성 매체의 비저항은

$$R_o = \frac{r\Delta V}{L} = \frac{A\Delta V}{IL} \tag{8.3}$$

이므로 다음 식을 얻을 수 있다.

$$\frac{R_o}{R_w} = F = \frac{1}{\phi}\left(\frac{\bar{L}_e}{L}\right)^2 \tag{8.4}$$

여기에서 $\tau = \left(\frac{\bar{L}_e}{L}\right)^2$ 는 비틀림도(tortuosity)이고 F 는 포화 유체의 비저항에 대하여 유체로 포화된 암석의 비저항의 관계를 나타내는 인자로서 **지층전기비저항계수**(地層電氣比抵抗係數, formation resistivity factor) 또는 **지층인자**(地層因子, formation factor)라고 한다. 공극벽은 전류에 영향을 미치지 않으므로 투과도와는 달리 지층인자는 공극의 크기와는 무관하고 비틀림도 항에 반영된 토폴로지(topology)의 영향을 받는다.

Archie는 실험 연구를 통하여 암석과 유체 인자에 대하여 다음과 같은 경험식을 제안하였다.

$$F = \frac{a}{\phi^m} \tag{8.5}$$

여기에서 a 와 m 은 경험적 상수이며 특히 m 은 교결인자(膠結因子, cementation factor)라고 한다. 지층의 유형에 따라 지층인자는 다음과 같이 나타난다.

사암 : $F = \frac{0.81}{\phi^m}$ $(m = 1.5\sim2)$

고결 지층 : $F = \frac{a}{\phi^m}$ $(m = 2\sim2.2)$

Humble 공식 : $F = \dfrac{a}{\phi^{2.15}}$

이 식들은 암체가 비전도성임을 가정한 것이다. 셰일이나 방연석(方鉛石, galena)과 같은 금속 광물들은 암체와 연관된 전도성이 있을 수 있다. 이러한 전도성은 점토와 관련된 큰 표면전하와 표면적에 의해 야기된 과잉 표면전도(表面傳導, surface conduction)이다. 저류층 내에는 점토가 항상 존재하므로 이 문제는 중요한 사항이다. 금속 광물의 경우 광물 자체와 연관된 일정한 전도성이 있지만 일반적으로 유가스전과는 관련이 없다.

암석 내에 다상이 존재할 때 가스와 오일은 비전도성 물질인 반면 물은 전도성 물질이므로 비저항은 물 포화율의 함수가 된다. Archie의 실험에 따르면 비저항과 유체포화율이 로그-로그 그래프 상에서 직선을 나타내며 이를 식으로 표현하면 다음과 같다.

$$\frac{R_o}{R_t} = S_w^n \tag{8.6}$$

이 식을 Archie 공식이라고 한다. 여기에서 R_t는 S_w일 때 지층 비저항이며 n은 저류암에 따라 결정되는 경험상수로서 Archie 포화율 지수(飽和率 指數, saturation exponent)라고 한다. 일반적으로 n은 2로 가정하지만 유습윤 암석의 경우 달라진다. 또한 $\dfrac{R_t}{R_o}$를 비저항지수(比抵抗指數, resistivity index)라고 한다.

Archie는 S_w와 $\dfrac{R_o}{R_t}$의 관계를 규명하여 검층에 적용함으로써 저류층의 공극 공간 내 물 포화율을 추정하였다. 식 8.5와 8.6을 결합하면 다음 식을 얻을 수 있다.

$$S_w^n = \frac{R_w}{\phi^m R_t} \tag{8.7}$$

이 식들을 전도도(傳導度, conductivity)의 항으로 표시하면 다음과 같다.

$$C_o = \frac{R_w}{F} \tag{8.8}$$

$$S_w^n = \frac{C_t}{C_o} \tag{8.9}$$

$$S_w^n = \frac{C_t}{\phi^m C_w} \tag{8.10}$$

8.1.2 전기적 물성의 측정

그림 8.1은 암석의 전기적 물성을 측정하는 방법을 나타낸다. 교류로 4개의 전극을 사용하여 편극(偏極 polarization)이 측정에 미치는 영향을 억제한다. 이러한 측정 시 가장 어려운 점은 포화율 지수를 결정하기 위하여 필요한 균일 포화율을 얻기 어렵다는 점이다. 일반적으로 정상상태 대체 시험(정상상태 투과도 시험을 동시 수행)이나 다공판 탈포화 시험(모세관 압력 측정을 동시 수행)을 수행한다.

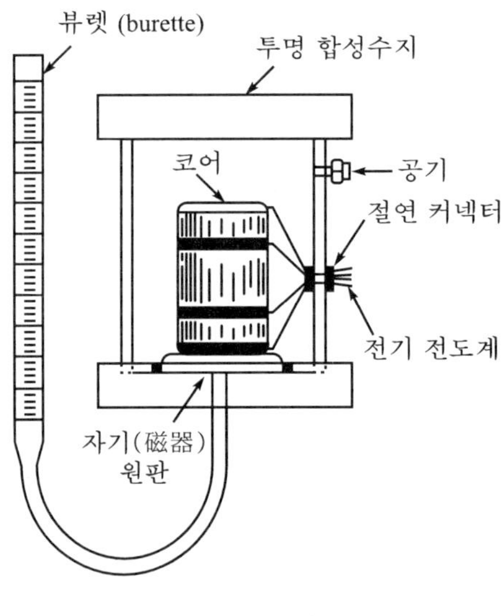

그림 8.1 전기적 물성을 측정하는 전형적인 방법

8.2 열 물성

8.2.1 열 물성의 정의

암석의 열 물성에는 열팽창계수, 비열, 열전도도, 열확산도 등이 있다. 일반적으로 열 물성들은 온도 의존적이나 특정 계산의 관심 범위 내에서는 일정하다.

열팽창계수(熱膨脹係數, thermal expansion coefficient)는 온도에 대한 체적 변화를 측정한다는 점에서 암석의 역학적 성질과 연관되어 있다. 일반적으로 온도에 따른 공극 체적의 변화에 관심이 가장 크기 때문에 지층의 열팽창계수 β 는 다음과 같이 정의한다.

$$\beta = -\frac{1}{\phi}\left(\frac{\partial \phi}{\partial T}\right)_{p=\text{const}} \tag{8.11}$$

비열(比熱, specific heat)은 단위 온도 변화에 따른 물질 내 엔탈피 또는 에너지(열) 함량의 변화로 정의한다. 대부분의 열공법 프로세스에서는 등압에서의 비열 c_p 를 사용한다.

$$c_p = \left(\frac{\partial h}{\partial T}\right)_{p=\text{const}} \tag{8.12}$$

비열은 가감성(加減性, additive property)을 나타내므로 암석의 조성을 알면 개별 비열에 가중치를 곱하여 구할 수 있다. 조성 데이터가 없으면 열량계(熱量計, calorimeter)로 측정하거나 열전도도와 열확산도를 측정하여 결정한다.

열전도도(熱傳導度, thermal conductivity)는 유체 유동도와 유사한 전도의 이동 물성이다. 열전도도는 Fourier 법칙으로 알려진 1차 방정식으로 나타낼 수 있다.

$$q_T = -\frac{\lambda A \Delta T}{L} \tag{8.13}$$

여기에서 q_T 는 열 유동율, λ 는 열전도도, ΔT 는 온도차, A 는 단면적, L 은 길이이다. 비열은 가감성을 나타내지 않는다. 암석 내 열전도는 주로 고체상의 연속성 정도에 의해 결정된다. 고체의 열전도도가 액체보다 훨씬 크기 때문에 입자 간 접촉이 열전도도에 큰 영향을 미친다. 액체는 입자 접촉을 증가시키고 열 응력은 접촉을 변화시켜 접촉면에 큰 변화를 발생시키기 때문에 열전도도는 온도와 포화율에 의존적이다.

열확산도(熱擴散度, thermal diffusivity) α 는 천이 열 확산율을 제어하는 인자로서 다음과 같이 주어진다.

$$\alpha = \frac{\lambda}{\rho c_p} \tag{8.14}$$

일반적으로 열확산도는 천이 측정법으로 결정한다. 별도로 열전도도와 열함량을 측정하여 열확산도를 결정할 수도 있다.

8.2.2 열 물성의 측정

투과도와 마찬가지로 열전도도도 식 8.13의 모든 인자들을 측정하여 경험적으로 결정한다. 일반적으로 열전도도 측정법에는 세 가지가 있다. **천이측정법**(遷移測定法, transient method)는 코어 내 한 지점에 등온 또는 일정 열공급원을 가한 후 다른 지점에서 온도 상승을 측정하는 방법이다. 일반적으로 코어 중심부에 전선을 설치하고 전류를 통하게 한다. 코어 표면에 설치한 열전대(熱電對, thermocouple)를 이용하여 열전도도를 결정한다.

비교측정법(比較測定法, comparator method)은 열전도도를 알고 있는 두 물체 사이에 관심 물체를 끼워 넣고 각 층 간 온도차를 비교하는 방법이다. 열 유동이 균일하다고 가정한 후 측정한 상대 열전도도에 알고 있는 물체의 열전도도를 곱하여 구한다.

정상상태 측정법(定常狀態 測定法, steady state method)은 열 주입량과 온도를 직접 측정하는 방법이다. 열 손실을 고려하기 위하여 방사 방향의 열전달을 감소시키는 가드 히터(guard heater)를 사용한다. 이 측정법은 가장 정확한 결과를 나타내지만 가장 어렵고 시간이 많이 걸린다.

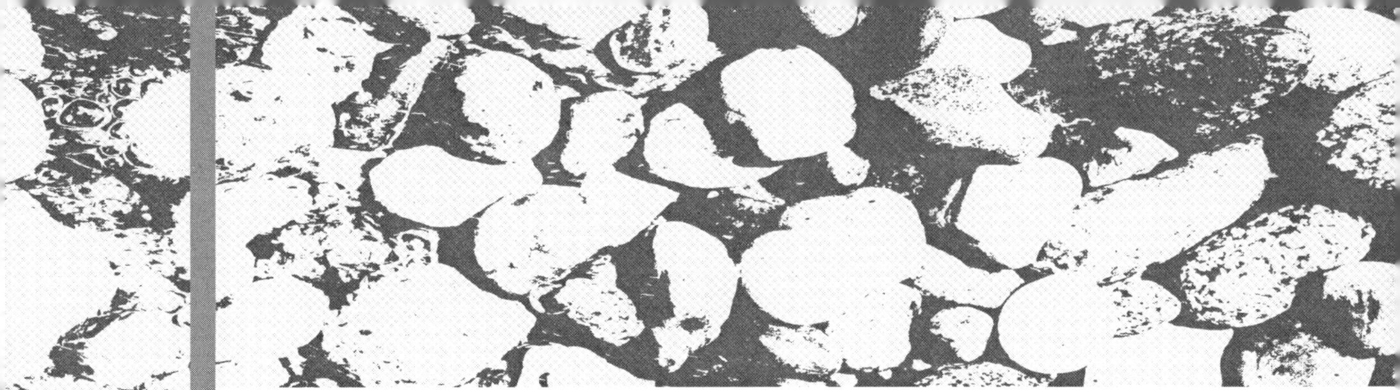

제9장

저류층 유체의 특성

PHYSICAL PROPERTIES OF RESERVOIR ROCKS AND FLUIDS
저류암과 유체의 물성

9.1 개요

오일과 가스의 생산은 그림 9.1에서 나타난 것처럼 저류 유체의 체적이 오일과 가스의 저유탱크 체적으로 변화하는 과정과 비교할 수 있다. 이 과정 동안에 압력과 온도는 모두 급격하게 변화한다. 오일과 가스의 저류층 생산율은 압력과 온도가 지속적으로 감소할 경우에 변화가 일어난다. 이때 가스-오일 비와 두상의 성분뿐만 아니라 오일과 가스의 상 비율(ratio)도 변화한다.

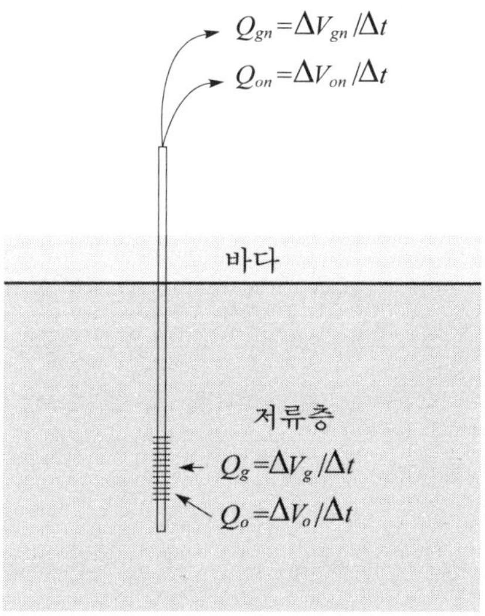

그림 9.1 오일과 가스의 체적 변화

일차 저류층 생산 시 온도 변화는 일어나지 않지만 유정 근처에서 저류층 압력은 크게 떨어진다. 그러므로 생산하는 동안 오일 및 가스의 구성은 크게 변하지 않는다. 오일 저류층에서는 유정 부근의 용해가스 분리로 인하여 오일이 수축하고, 농후(濃厚)가스(rich gas) 저류층에서는 압력이 감소할 때 액체 탄화수소(오일)의 응축이 일어날 것이다. 저류층 유체가 생산되어 지표로 이동하면 단계별 분리를 통하여 압력은 더욱 감소한다. 이 과정에서 온도 또한 감소하고 그 결과로 오일과 가스의 구성은 현저하게 변한다.

이 장은 탄화수소 혼합물의 특징과 압력 및 온도에 따른 함수로 오일과 가스의 분리에 초점을 두고 있다. 또한 저류층 내 오일과 가스의 거동과 저유탱크 상태로의 팽창에 대해 다룰 것이다.

9.2 정의

서로 다른 탄화수소 성분이 다양한 화학반응을 거쳐 상을 형성하는 과정은 평형 또는 최저 에너지 수준을 향한 자연적(엔트로피에 의한)과정에 의해 결정된다. 이것은 Gibbs 상 법칙으로 더 정확하게 표현할 수 있다. Gibbs 상 법칙은 성분의 수 N_c, 상의 수 N_p, 화학반응의 수 N_r, 자유도 N_f 사이의 관계를 나타낸다. 즉

$$N_f = N_c - N_p + 2 - N_r \tag{9.1}$$

숫자 2는 세기성질 p, T를 나타내며 $N_c - N_f$는 독립성분의 수를 정의한다. H_2O와 같은 순수 성분일 때 $N_c - N_p = 1$와 $N_f = 3 - N_p$이 된다. 순수 성분에 대한 상 법칙은 어떤 온도와 압력에서 3상을 형성할 수 있다는 것을 말한다. 즉 $N_p = 1$일 때 $N_f = 2$이므로 세기성질은 임의로 변할 수 있다. $N_p = 2$일 때 $N_f = 1$이므로 하나의 세기성질만 독립적일 수 있다. (p, T) 도표에 이러한 현상(승화선, 융해점선, 증기압선)을 반영한 3개의 선이 나타나 있다. $N_p = 3$일 때 $N_f = 0$이므로 자유도가 없다. 이는 상 평형도에서 단일 삼중점을 의미한다.

온도와 압력에 따라 물은 얼음, 액체와 증기와 같이 서로 다른 상이 나타나는 것을 알고 있다. 그림 9.2는 상이한 상들의 공존을 보여주며 상 경계는 서로 다른 영역을 분리한다. 물과 증기의 상 경계(相 境界, phase boundaries)는 2상의 공존이 종료하는 임계점이 끝나는 것을 의미한다. $T > T_c$와 $p > p_c$에서는 물과 증기 사이의 뚜렷한 차이가 없다. 그러므로 이 상태를 유체상태라고 부른다. 순수한 물에 대해서 임계온도는 374.1°C, 임계압력은 218.3 atm이다.

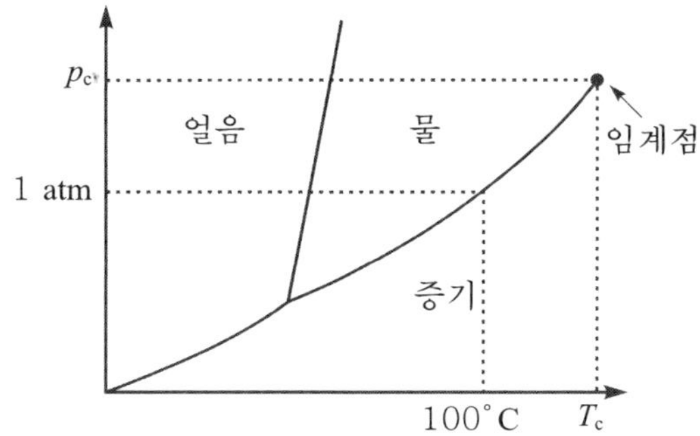

그림 9.2 H_2O에 대한 p, T 도표

9.3 탄화수소의 표현

자연적으로 발생하는 탄화수소는 성분이 복잡하고 상당수의 파라핀(알칸), 나프텐(시클로-알칸), 방향족 계열과 종종 비탄화수소 불순물을 포함한다. 아래에서는 파라핀 계열 내 성분 중 일부를 열거했다.

메탄	CH_4	C_1
에탄	C_2H_6	C_2
프로판	C_3H_8	C_3
부탄	C_4H_{10}	C_4
펜탄	C_5H_{12}	C_5
헥산	C_6H_{14}	C_6
헵탄	C_7H_{16}	
옥탄	C_8H_{18}	
노난	C_9H_{20}	
데칸	$C_{10}H_{22}$	

전형적인 비탄화수소 불순물의 일부를 다음과 같이 표현한다.

질소	N_2
이산화탄소	CO_2
황화수소	H_2S

HC성분 혼합물에 대해 C_7H_{16}과 그 이상은 흔히 C_7^+으로 표현하고, 계열에서 이 범위에 속하는 모든 성분을 뜻한다. C_7^+의 특성은 C_6 이상의 모든 성분에 대한 평균이다.

전형적으로 기체의 구성은 C_1, C_2, C_3와 같은 가벼운 성분들이 대부분이다. 경유의 경우 C_4, C_5, C_6가 주요 성분이며 중유의 경우 다양한 데칸(decanes)과 아스팔텐(asfaltenes)이 흔히 나타난다. 그러나 $C_4 \sim C_5$와 같은 중간성분은 압력과 온도에 따라 가스상과 액체 상태 둘 다 존재할 수 있다. C_7^+는 중질유 성분이며 대부분의 석유공학 분야에서 증발이 일어나지 않는다.

그림 9.3에서 pT 상 도표는 에탄(C_2H_6)과 헵탄(C_7H_{16}), 이것들의 혼합물(C_2H_6의 50%과 C_7H_{16}의 50%)인 순수 오일 성분에 대하여 나타낸다. 그림 9.3에서 순수한 성분의 pT 특성은 다소간 H_2O의 경우와 유사한 것을 볼 수 있다. 둘 이상의 HC 성분이 혼합될 때 pT-도표에서 상 경계는 오일과 가스 2개가 동시에 존재하는 폐경계 영역을 형성한다. 이 지역을 2상영역(二相領域, two phase region)이라고 부르며 특정한 성분에 대해서 고유의 형상을 갖는다.

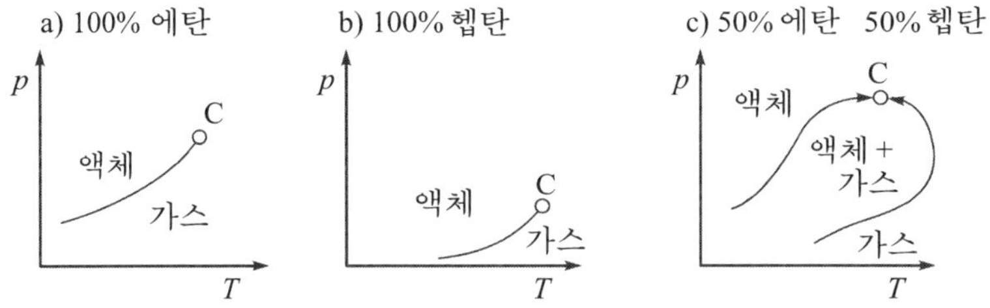

그림 9.3 에탄, 헵탄, 혼합물(에탄+헵탄)에 대한 p, T 다이어그램

평형상태는 p와 T의 함수로 정의되며 그 결과 오일과 가스의 체적비는 pT의 변화에 따라 달라진다. 그러므로 체적은 실제기체법칙에 의해 p와 T의 종속함수이다. 압력, 체적,

온도 간의 이러한 관계를 pVT 관계라고 한다. 탄화수소의 혼합물에 대해 pVT 도표는 그림 9.4와 같이 나타난다.

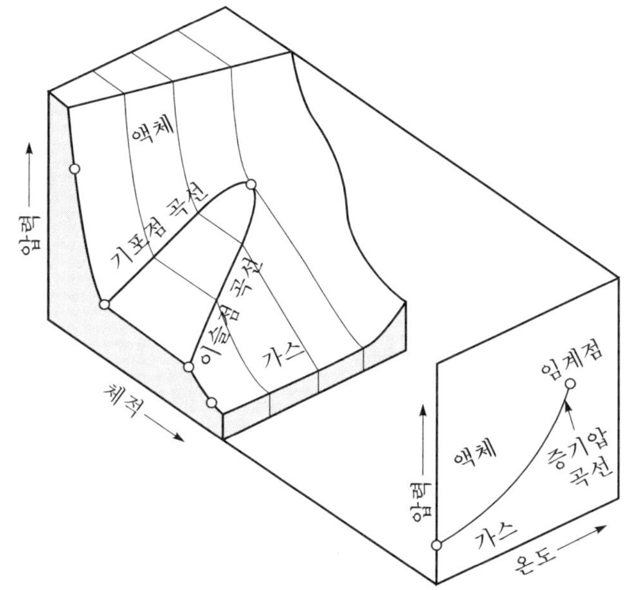

그림 9.4 혼합 성분계에 대한 pVT 도표

그림 9.4의 pT 도표에서는 임계점 우측에 상을 구별할 수 없고 초임계 유체지역의 존재를 볼 수 있다.

pV 도표는 압력이 감소할 때 오일 체적이 증가함을 보여주며 주어진 온도에서 특정 압력 수준까지 오일상 체적의 단조 증가 또는 팽창을 볼 수 있다. 이 압력에서 공존하는 오일과 가스의 분리에 의해 오일의 체적은 계속적으로 증가한다. 계속된 체적 증가는 일정압력에서 점진적으로 증가하는 가스-오일 비를 의미한다. 압력이 다시 감소하기 시작할 때 2상영역이 남고 오직 가스 팽창에 의해 체적이 증가한다.

2상영역으로 표시된 pVT -불연속성을 표시하는 또 다른 방법은 비체적 또는 몰체적의 세기성질로 나타내는 것이며 그림 9.5에서 볼 수 있다.

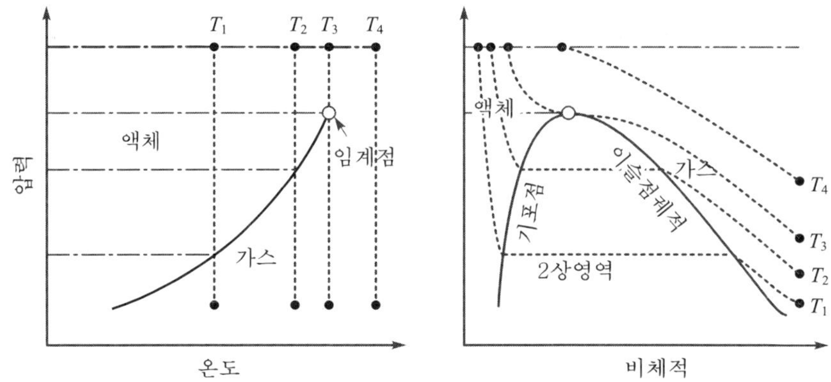

그림 9.5 혼합 성분계에 대한 압력-비체적 도표

그림에서 비체적(比體積, specific volume) 또는 비용(比容)은 물질의 단위질량 당 체적이다. 즉 $[V_s] = m^3/kg\ (ft^3/lb)$ 이다. 몰체적(molar volume)은 물질의 단위몰 당 체적과 동일하다. 즉 $[V_s] = m^3/kmole$ 혹은 $cm^3/gmole\ (ft^3/lbmole)$ 이다. 그림 9.5의 T_3 보다 높은 온도에서는 압력이 감소할 때 상 변화가 없다. 그러나 낮은 온도에서 상 변화는 오일과 가스가 평형상태인 기포점 궤적과 이슬점 궤적에 의해 둘러싸인 2상영역을 통과할 것이다.

보다 복잡한 혼합물에 대한 pT 평형도는 그림 9.6에 나타난다. 다음의 정의와 함께 A-CP-CT-B 영역의 형상은 HC 혼합물의 구성에 의존함을 아는 것은 중요하다. (따라 변한다는 사실은 중요하다.)

CP : 최대임계압력-액체가 더 이상 증기화 될 수 없는 압력점
CT : 최대임계온도-기체가 더 이상 응축 될 수 없는 온도점
C : 임계점-2상이 동일해지는 압력과 온도점. 오일-가스 비의 분수로 정의하는 모든 품질선(品質線, quality lines)은 이 상태 점에서 합쳐진다.

그림 9.6에서 점 1에 나타난 초기 조건 저류층을 가스 저류층이라 한다. 1에서 2까지 일정온도에서 생산할 때 상 경계는 교차되지 않으므로 오직 가스만이 생산된다. 반면 생산이 1에서 X까지 점선을 따른다면 저류층 내와 위치 X로 가는 경로에서 모두 가스로부터 오일이 점차적으로 형성된다. 가스의 성분은 변화하고 무거운 성분은 응축된다.

그림 9.6의 점 3에 위치한 저류층은 가스 콘텐세이트 저류층이라 한다. 이 저류층이 3에서 5까지 일정 온도에서 생산될 때 점 4에서 2상영역에 진입하자마자 저류층 내에서 가스 응축이 시작된다. 압력이 지속적으로 감소할 때 이슬점선에 접근하며 잔류 오일의 기화가 발생할 수 있고 이슬점과 교차될 때까지 가스 성분이 농후화된다. 이 점 이후로는 성분의 변화가 발생하지 않는다.

앞에서 언급한 것처럼 오일 저류층은 그림 9.6에서 보이는 것과 다른 형상의 2상영역을 가지는 것처럼 저류층 유체를 특성화한다. 언급한 바와 같이 오일 저류층은 그림 9.6의 좌측 모서리 상부 어딘가에 위치하는 것으로 추측할 수 있다. 일정한 온도에서 저류층으로부터의 생산이 이루어지면 저류층 내 가스는 기포점선이 교차될 때까지 존재하지 않을 것이다. 이 시점에서 용해가스는 연속상으로 축적되어 오일 자체보다 상당히 큰 유동도와 함께 유정으로 흐를 것이다.

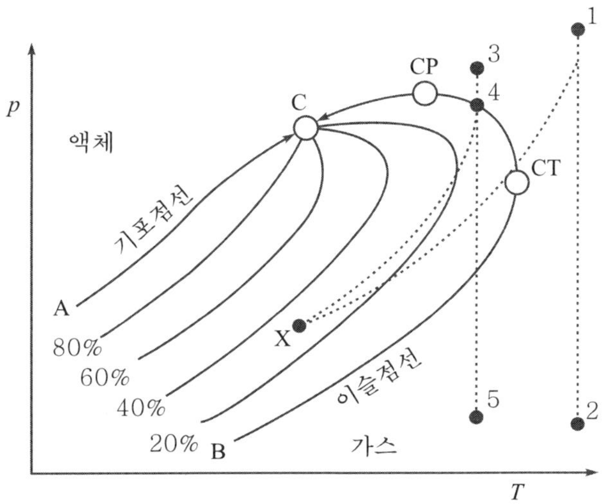

그림 9.6 복잡한 HC혼합물에 대한 *pT*-도표

9.3.1 삼원도

이원도는 성분의 수 또는 순수한 성분 군이 세가지를 초과하지 않을 때 탄화수소의 총괄 거동을 나타내고 상 거동의 정밀 분석하기 위하여 종종 사용한다. 천연 탄화수소는 상이한 성분의 복잡한 혼합물이고 보통 유사성분(보통 2 또는 3)으로 표시한다. 그러한 성분에 대한 상 거동을 예측하기 위해 종종 그림 9.7과 9.8와 같은 **삼원도**(三元圖, ternary diagram) 또는 삼원계 상태도(三元界 狀態圖, ternary phase diagram)를 사용한다.

삼원도의 장점 중 하나는 상 성분과 혼합물의 총괄 성분을 표시할 수 있다는 것이다. 총괄 성분(overall composition) C_i는 상 성분(phase composition) C_{ij}로 표현할 수 있다.

$$C_i = C_{i1}S_1 + C_{i2}S_2, \quad i = 1,\ 2,\ 3 \tag{9.2}$$

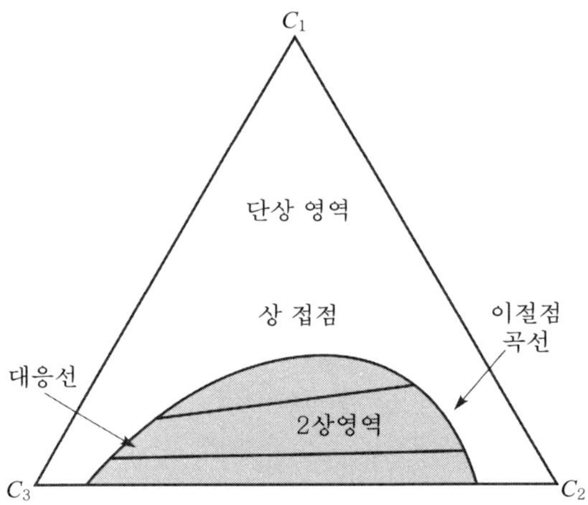

그림 9.7 2상 삼원도

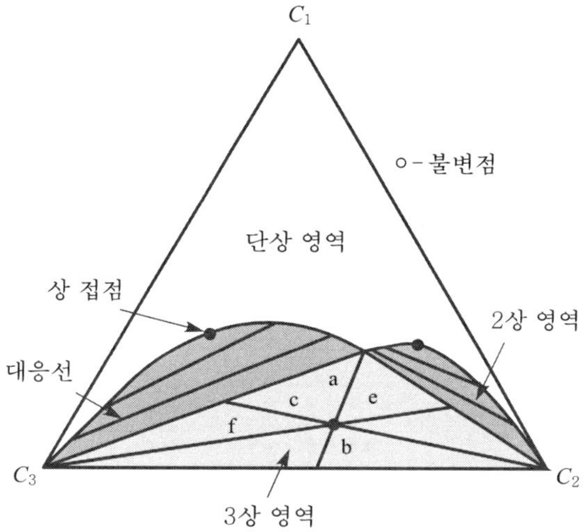

그림 9.8 3상 삼원도

각 성분의 분율은 삼각형의 꼭지점에서 1이고 반대 끝에서 0임에 주목해야 한다. 여기서는 몰분율, 중량분율 또는 체적분율 등 어떤 단위도 사용할 수 있다.

$S_1 + S_2 = 1$ 이라는 사실로부터 총괄 성분에서 상 S_{ij} 의 상대량에 대한 다음의 표현을 얻을 수 있고

$$S_1 = \frac{C_i - C_{i2}}{C_{i1} - C_{i2}}, \quad S = \frac{C_i - C_{i1}}{C_{i2} - C_{i1}} \tag{9.3}$$

이를 “지렛대 법칙(level rule)”이라 부른다.

3(유사)성분과 2상의 경우 (p 와 T 는 아는 것으로 가정) Gibbs 상 법칙으로부터 시스템은 오직 하나의 자유도를 갖는다. 이는 인자 중 하나를 설정하면 나머지는 쉽게 평가할 수 있다는 것을 의미한다.

그림 9.8에서는 내부의 작은 삼각형에 의해 나타내는 3상 영역을 갖는 성분을 나타낸다. 3상의 성분은 3상 삼각형의 꼭지점(불변점)으로 주어진다. 이 삼각형 내의 어떠한 총 성분 M 은 동일한 총괄 성분과 함께 3상을 제공한다. 삼각형 내의 분율만 변화 시킬 수 있고, 총괄 성분은 변화 시킬 수 없다. 지렛대 법칙으로 상들의 상대적인 양을 계산할 수

있다.

$$S_1 = \frac{a}{a+b}, \quad S_2 = \frac{c}{c+d}, \quad S_3 = \frac{e}{e+f} \tag{9.4}$$

그림 9.7과 9.8 모두의 삼각형은 공통의 기준선을 가지며 이는 보통 계면활성제+오일+염수 시스템에 대한 것이다.

9.4 천연가스와 가스 컨덴세이트전

건성가스전에서 저류층 온도는 같은 가스의 임계 온도보다 항상 크다. 즉 다음의 초기 조건은 중요하다.

$$T_r > T_c$$

저류층 내 초기 상태가 그림 9.6에서의 1에서 2까지 압력이 감소하면서 가스 회수가 일어나면 이슬점선은 교차되지 않고 어떠한 압력에서도 저류층 내에서는 오직 건성가스만이 존재할 것이다. 가스를 지표로 생산할 때 p와 T는 모두 감소할 것이고 최종 상태는 2상영역 내 한 점 x에 있으며 이 점의 위치는 지표분리에 의해 결정된다.

초기 압력과 온도가 그림 9.6의 3지점이라고 가정해 보자. 등온 고갈 동안 압력이 4의 이슬점 아래로 떨어지면 저류층 내에서 액체가 응축되기 시작한다.

압력이 2상영역 안의 4와 5 지점 사이에 있을 때 저류층 내에 최대 액체포화율이 생긴다. 일반적으로 응축량은 비교적 작기 때문에 액체가 유동 전 초과해야 하는 임계 포화율보다 낮은 경우가 빈번하다. 응축의 과정을 역행응축(逆行凝縮, retrograde condensation)이라 부르며 여기에서 역행 액체 컨덴세이트는 회수할 수 없다. 무거운 성분은 처음으로 응축하는 경향이 있어 탄화수소 혼합물의 귀한 부분이 손실됨을 나타낸다.

최대 응축점 아래에서 압력이 계속 고갈되면 액체 컨덴세이트의 재기화(再氣化, revaporization)를 유도할 것이다. 그러나 일단 압력이 4지점 아래로 떨어지면 저류층 내 잔존하는 HC의 분자량이 증가하고 가벼운 성분이 유동하며 생산하는 동안 저류층 내에 역행 컨덴세이트로 남기 때문에 이러한 현상은 발생하지 않는다.

저류층 유체에 대한 복합 상 분리선은 아래쪽과 우측으로 움직이는 경향이 있으므로 재증발을 억제한다. 때때로 이것은 가스 재순환 공정에 의해 가스 컨덴세이트 유정을 생산하기에 경제적으로 유리하다. 그림 9.9에서의 3지점에서 출발해 지표에서 건성가스로부터 액체 컨덴세이트를 분리하고 건성가스를 저류층으로 재주입하면 건성가스가 습성가스를 생산정으로 축출한다. 그러나 실제 가스 전 개발에서 이는 쉽게 성립되지 않는다.

저류층 압력은 거의 초기 상태로 유지되나 저류층 가스의 성분은 상 분리선이 좌측과 위쪽으로 이동함에 따라 점차적으로 변화한다. 건성가스를 충분히 주입하고 나면 잔존 건성가스가 생산된다. 가스 재순환의 목적은 그림 9.9에서 보여진 것처럼 이슬점 곡선에서부터 위 또는 우측으로 저류층 상태를 유지하기 위함이다.

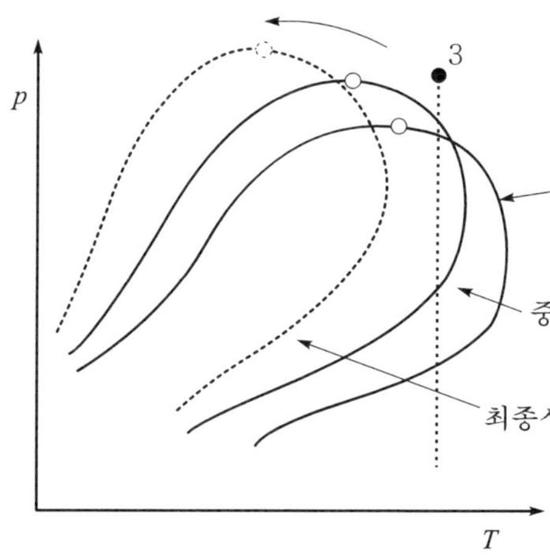

그림 9.9 가스 재순환 공정에 의한 가스 지역의 개발

9.5 유전

오일은 무거운 HC성분을 더 많이 포함하고 있기 때문에, 오일에 대한 상 다이어그램은 그림 9.10에서 보여진 것처럼 가스 영역과 비교하면 수평방향으로 좀 더 길게 늘어져 있다.

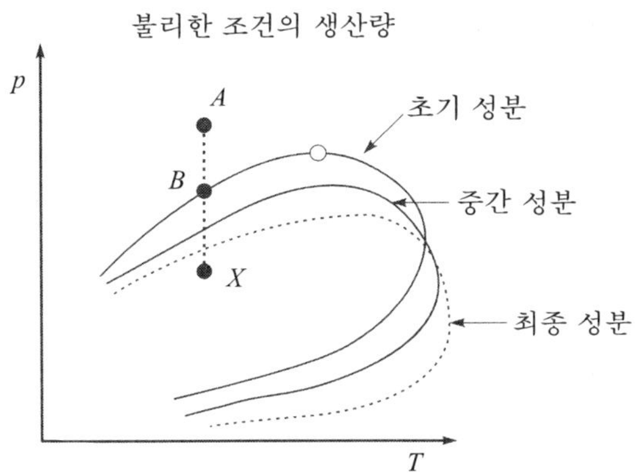

그림 9.10 오일 현장의 개발

저류층 내 초기 조건이 그림 9.10에 있는 A점과 같다면 용해가스를 포함한 액체 오일의 단일 상만이 존재할 것이다. 등온상태로 압력이 감소하면 오일이 결국 기포점 B에서부터 오일에서의 가스 분리를 야기할 것이다. 압력이 더 감소하면 용해가스 생산과 저류층 내 2상의 존재를 유도할 것이다.

- 동일한 압력과 상당한 용해가스를 포함한 액체오일
- 최초에는 오일 내 용해된 유리가스

그림 9.10에서 기포점 아래의 X지점에서 생산이 유지되면 총괄 저류층 HC성분은 보다 유동성이 큰 가스가 오일보다 더 빠른 속도로 유정으로 흐르기 때문에 변화가 일어난다.

이 성분은 액상의 유동성이 떨어질 때까지 변할 것이다. 오일 내의 무거운 성분의 상대적인 체적은 증가하며 상 다이어그램의 모형은 오일 생산량에 대해서는 더욱 악조건으로 변화할 것이다. 따라서 수공법, 가스주입법 또는 기화 회수 증진법을 사용해 기포점 인접 또는 이상에서 오일 생산을 유지 하는 것이 바람직하다.

가스 캡을 가진 오일 저류층에 대한 상 도표는 저류층 내에 포함된 가스와 오일을 특성화할 수 있는 상을 가진 분리선을 가지고 있다. 저류 유체의 2상영역은 그림 9.11에서 보여진 것처럼 적당한 오일과 가스 저류층이 겹쳐져 나타난다.

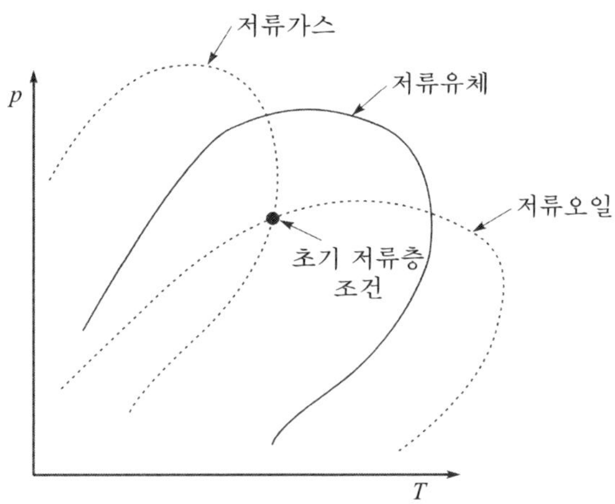

그림 9.11 가스 캡을 포함한 오일 저류층에 대한 상 평형도

9.6 저류층과 지표체적 사이의 관계

정상 압력과 온도에서 표준 체적량으로 측정한 저류층에서 체적은 다양한 체적인자들을 사용하여 저류층 체적으로 변환한다. 이러한 인자들은 그림 9.12에 따라 정의한다.

반대로 저류층 조건(또는 지표)에서 정의된 체적은 체적인자를 사용하여 지표체적(또는 저류층 체적)으로 변환된다. 용적 인자들은 저류층 오일과 가스에서 취한 시료들에 대하여 수정한 실험에 의해 정의한다. 이러한 인자들의 정의는 다음과 같다.

용해(溶解)가스-오일비(dissolved gas-oil ratio) R_s : 지표 조건에서 측정할 때 오일 저류 탱크의 입방 미터(또는 barrel)에 용해된 가스의 표준 입방 미터(또는 ft^3)

$$R_s = \frac{V_{ogn}}{V_{on}} \quad \left[\frac{\text{scf}}{\text{STB}}\right], \left[\frac{\text{Sm}^3}{\text{Sm}^3}\right] \tag{9.5}$$

오일 용적인자(容積因子)(oil formation volume factor, B_o) : 오일 용적인자는 저류층 온도, 압력에서의 오일 체적을 저유탱크 내 오일 체적으로 나눈 값으로 정의한다. 저류층 조건에서 액체상은 저유탱크 오일과 지표 가스의 혼합물이다.

$$B_o = \frac{V_o}{V_{on}} \quad \left[\frac{\text{RB}}{\text{STB}}\right], \left[\frac{\text{Rm}^3}{\text{Sm}^3}\right] \tag{9.6}$$

가스 용적인자(gas formation volume factor, B_g) : 가스 용적인자는 저류층 내 입방 미터(또는 ft^3)로 나타낸 가스의 체적을 표준 입방 미터(또는 ft^3)로 동일 가스의 체적을 나눈 값으로 정의한다.

$$B_g = \frac{V_g}{V_{ggn}} \quad \left[\frac{\text{rcf}}{\text{scf}}\right], \left[\frac{\text{Rm}^3}{\text{Sm}^3}\right] \tag{9.7}$$

가스-오일 비(gas oil ratio, R) : 가스-오일 비(GOR)는 표준 입방 미터(또는 ft^3)로 나타낸 생산된 가스의 체적을 지표 조건에서 오일의 저유탱크의 체적으로 나눈 값이다.

$$R = \frac{V_{gn}}{V_{on}} \quad \left[\frac{\text{scf}}{\text{STB}}\right], \left[\frac{\text{Sm}^3}{\text{Sm}^3}\right] \tag{9.8}$$

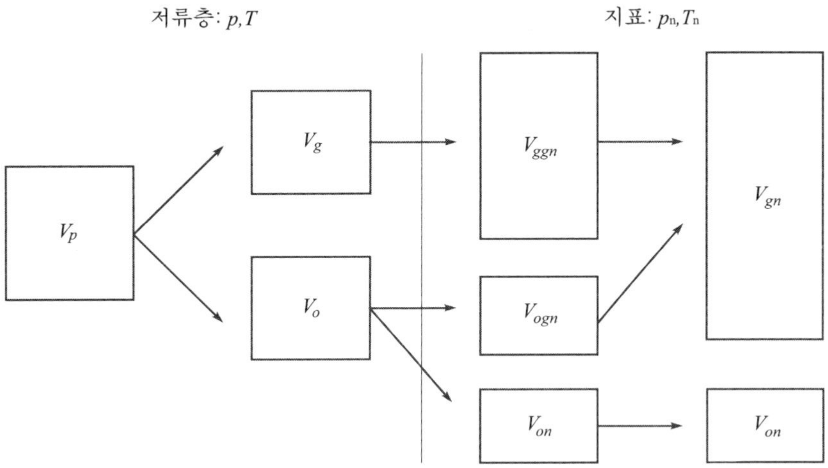

그림 9.12 오일 저류층에서 저류층 오일과 가스의 팽창을 통한 저류탱크 생산

그림 9.12를 사용해 체적 인자들 사이의 유용한 관계를 간단하게 추론할 수 있다.

$$V_{gn} = RV_{on} \tag{9.9}$$

$$V_g = B_g\left(R - R_s\right)V_{on} \tag{9.10}$$

$$V_o + V_g = \left[B_o\left(R - R_s\right)B_g\right]V_{on} \tag{9.11}$$

$$V_g = B_g\left(1 - \frac{R_s}{R}\right)V_{gn} \tag{9.12}$$

그림 9.13에서 보여진 것처럼 체적 인자 B_o, R_s, B_g, R 은 모두 압력에 의존하는 함수이다.

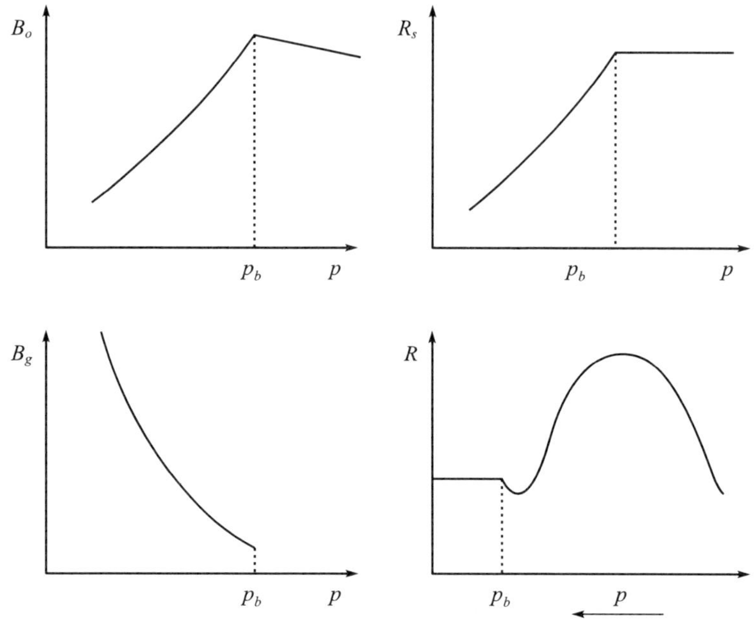

그림 9.13 pVT 체적인자의 압력 의존성

이상 체적 인자의 특성거동을 설명하기 위해서는 그림 9.13에서의 좌측에서 우측까지 압력이 감소하는 경향을 따라가는 것이 자연스럽다.

오일 용적인자 B_o는 압력이 기포점 p_b쪽으로 감소할 때 선형적으로 증가한다. 여기서 B_o의 증가는 오일 압축도와 관련되어 있다. 즉 압력이 방출될 때 체적은 증가한다. 기포점보다 낮은 압력에서 점차적으로 오일로부터 용해가스가 방출되므로 오일의 수축을 야기한다. 최종적으로 모든 가스는 증발하면 사오일(dead oil)이 되었다고 하고 $B_o \approx 1$이다. 이 과정은 표준상태에 도달할 때까지 계속 된다.

용해 가스-오일 비 R_s는 기포점 압력보다 높은 압력에서는 저류층 내에 생산된 가스가 없기 때문에 일정하다. 그러므로 다른 압력($p > p_b$)에서 오일의 단위 시료는 표준상태에서 동일한 양의 가스와 오일을 포함한다. 기포점 압력보다 낮은 압력에서 일부 가스가 증발하여 가스로 생산되기 때문에 저류층 내 오일 시료 가스의 양이 감소함을 발견할 수 있다.

가스에 대한 용적인자의 경우 오일과 평형상태의 가스는 기포점 압력까지만 존재할 수 있다. p_b보다 높은 압력일 경우, 모든 자유가스는 오일 내에서 용해되어 존재할 것이다. 기포점 압력보다 낮은 압력으로 점점 감소하는 경우 가스의 압력에 반비례하며 팽창할 것이다.

그림 9.13에서 보이는 것처럼 가스-오일 비 R 은 감소하는 저류층 압력의 함수로 주어진다. 압력이 기포점 압력 이상일 때 지표조건에서 가스-오일 비는 어떤 변화도 나타내지 않는다. 저류층 압력이 기포점 압력 이하로 떨어진 직후 용해가스의 증기화 과정은 유정 부근에서 발생할 것이다. 잠시 동안 가스 포화율이 임계가스 포화율 이하이기 때문에 가스는 이동하지 않는다. 불연속 가스가 오일의 이동경로 중 일부를 막아 가스가 적은 오일이 생산된다. 가스포화율이 연속이 되면서 유동이 시작되면 최소 오일-가스 비에 도달한다. 압력이 더욱 감소할 때, 저류층 내 유리된 가스의 유동성이 커지므로 최초로 증발된 오일보다 더 빠르게 생산되어 오일보다 가스가 초기보다 더 많이 생산된다.

GOR은 압력과 시간에 함수로 가스-오일 비를 제공할 뿐만 아니라 또한 저류층 내 가스와 오일의 유동도 비와 가스-오일 비에 대한 중요한 정보를 나타내는 인자이다.

그림 9.1과 9.12에 따르면 포화 오일 저류층에 대한 가스-오일 비를 정의할 수 있다. 즉 기포점 압력보다 저류층 압력이 낮을 때

$$R = \frac{V_{gn}}{V_{on}} = \frac{q_{gn}}{q_{on}}$$

여기에서 $q_{on} = \frac{q_o}{B_o}$ 이고 q_o 는 저류층 내의 오일 유동율이다. 식 9.9~9.12의 관계를 사용해 다음을 얻을 수 있다.

$$q_{gn} = Rq_{on}$$

$$q_{on} = \frac{q_g}{B_g\left(R - R_s\right)}$$

여기에서 q_g 는 저류층 내의 가스 유동율이다.

위에서 정의된 GOR과 가스 및 오일 유동율을 나타내는 두 관계를 이동하여 GOR 인자를 다음과 같이 나타낼 수 있다.

$$R = \frac{q_g}{B_g}\frac{B_o}{q_o} + R_s$$

저류층에서 Darcy의 법칙이 타당하다면 오일과 가스 유동에 대해 다음과 같이 표현할 수 있다.

$$q_i = \frac{k_i}{\mu_i} A \frac{dp_i}{dr}, \quad i = o, g$$

여기에서 q_i 는 저류층 유동율이다.

유정 인근의 저류층 유동에 대해서는 모세관 효과를 무시해도 무방하므로 저류층 가스-오일 비에 대해서는 다음과 같이 나타난다.

$$\frac{q_g}{q_o} = \frac{k_g}{\mu_g} \frac{\mu_o}{k_o}$$

GOR식에 이 비를 대입하면 GOR을 저류층 인자의 항으로 표현할 수 있다.

$$R = \frac{k_g}{\mu_g} \frac{\mu_o}{k_o} \frac{B_o}{B_g} + R_s \tag{9.13}$$

여기에서 오일과 가스의 유동도는 $\lambda = \frac{k_j}{\mu_j}, \quad j = o, g$ 으로 정의한다.

식 9.13은 저류층 내 가스와 오일 유동도와 관측된 가스-오일 비 사이의 관계를 나타내며 용적인자 B_o, B_g, R_s 는 실험 측정으로 알 수 있다. 식 9.13에서 언급한 GOR은 저류층 의존성의 이상적 근사를 나타내며 주의 깊게 해석해야 한다.

초기 매장량 체적의 정의는 오일과 가스 저류층에 따라 약간 차이가 있다. 일반적인 저류층에 대해서 인자들을 다음과 같이 정의할 수 있다.

V_r 저류층 총체적
ϕ 공극률

B_o , B_g 용적인자
R_s 용해가스-오일 비

탄화수소 공극 체적 $\text{HCPV} = V_r \phi$ 는 오일 저류층 내 매장량의 정의에 중요하다.

오일 매장량 : $\text{OIIP} = \text{HCPV}/B_o$
가스 매장량 : $\text{GIIP} = \text{OIIP} \cdot R_s$

가스 저류층의 매장량은 다음과 같이 정의할 수 있다.

가스 매장량 : $\text{GIIP} = \text{HCPV} / B_g$
오일 매장량 : $\text{OIIP} = \text{GIIP} / R_s$

9.7 기본 pVT 인자의 결정

기본 pVT인자의 분석은 이미 정립된 절차를 따르며 이로부터 체적 인자를 측정한다.

- **균등 팽창**(均等 膨脹, flash expansion)은 기포점 압력 p_b 를 결정한다.
- 유체 시료의 **불균등 팽창**(不均等 膨脹, differential expansion)은 기본인자 B_o , B_g 와 R_s 를 결정한다.
- 다양한 분리기 결합을 통한 유체시료 균등 팽창은 실험으로부터 유도한 pVT 데이터를 현장 분리기 조건과 일치하도록 수정할 수 있게 한다.

그림 9.14에서 나타난 불균등과 균등 팽창과정은 유체시료의 균등과 불균등 팽창 사이의 차이점을 나타낸다.

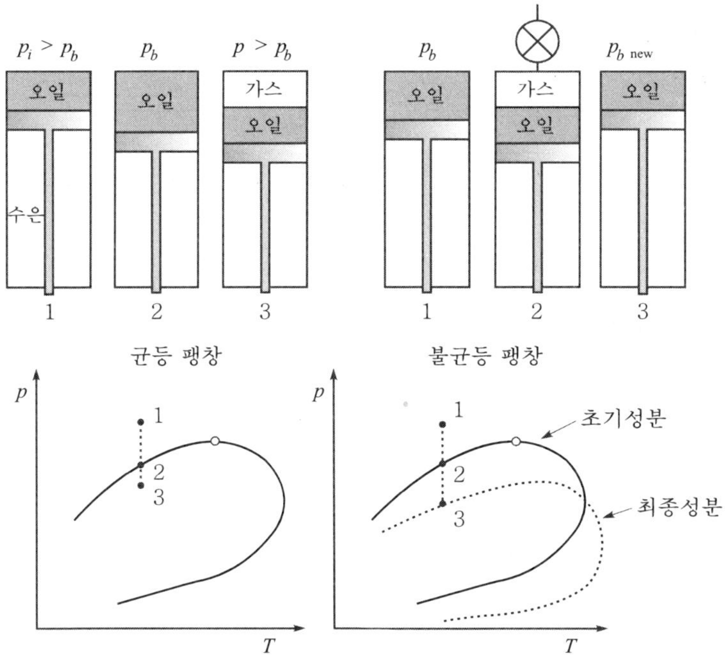

그림 9.14 유체 시료에 대한 균등과 불균등 팽창

균등 팽창 실험에서는 셀 내 총괄 탄화수소 성분의 변화가 없는 반면 차등 유리실험에서는 고갈 가스가 물리적으로 분리되어 셀로부터 제거된다. 그러므로 pVT 셀 내에서 연속적인 성분 변화가 있다. 잔존 탄화수소는 점진적으로 무거운 성분으로 농화되고 평균 분자량이 증가한다. 따라서 균등 팽창은 불균등 팽창보다 작은 체적의 오일을 남긴다.

저류층은 비등온 불균등 팽창에 의해 재현할 수 있으며 불균등 분리가 균등 팽창보다 최종 오일 평형체적이 크기 때문에 지표에서는 일반적으로 다단계 분리를 사용한다.

연습문제

01 SI 단위로 밀도를 나타내시오.

(1) 57.2°API 비중을 가진 원유

(2) 70.7°API 비중을 가진 천연가스

물의 밀도는 표준상태에서 1,000 kg/m^3 이다.

02 A = 1,600 acres, h = 32 ft, ϕ = 22%, S_{wi} = 20%, B_{oi} = 1.23 bbl/STB인 저류층의 초기 오일 부존량을 계산하시오.

03 다음과 같은 조건에서 초기 가스용적인자를 계산하시오.

A = 1,320 acres	T = 200°F
h = 45 ft	p_i = 4,000 psia
ϕ = 0.175	z_i = 0.916
S_{wi} = 0.23	

부록

실험 매뉴얼

PHYSICAL PROPERTIES OF RESERVOIR ROCKS AND FLUIDS
저류암과 유체의 물성

1. 공극률

■ 이론

공극률이란 암석의 전체 체적 V_b에 대한 암석 내 공극의 체적 V_p의 비를 말한다.

$$\phi = \frac{V_p}{V_b}$$

통상적인 환경에서 퇴적된 대부분의 암석은 어느 정도 공극을 가지며, 공극의 크기는 퇴적물의 결합 상태(packing), 분급 정도, 입자의 원마도(圓磨度) 등과 관계된다. 공극률은 퇴적물의 하중이나 입자 사이의 교결 작용(cementation) 등에 의해 감소하게 된다. 이렇게 퇴적물이 퇴적되고 고결된 후의 공극률을 1차 공극률이라 한다. 2차 공극률은 암석화 과정 후에 나타나는 화학적 변화, 파쇄, 열극, 석회암의 용해 공동, 돌로마이트화 작용에 의한 입자 수축 등에 의한 추가 공극률을 말한다. 한편 저류암의 생산성과 연관시켜 상호 연결되어 있는 공극의 체적만을 고려한 것을 유효공극률이라 한다.

■ 공극률 측정

공극률 측정 실험은 암석에 저류할 수 있는 유체의 체적을 알기 위해 하는 것이고 공극률 측정의 기본이론 및 메커니즘은

$$\phi = \frac{V_p}{V_b} = \frac{V_b - V_s}{V_b}$$

이다.

장비로 사용하는 헬륨 공극률측정기(helium porosimeter)는 헬륨 가스를 이용하여 암석 시료의 공극률을 측정한다. 원리는 Boyle의 법칙($pV = p'V'$)을 이용하여 불용체적(不用體積 dead volume)과 기준체적(reference volume)을 구한 후 시료의 입자 체적을 구하게 된다.

■ 실험장비

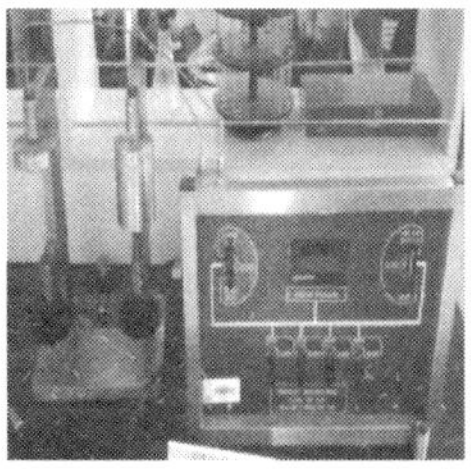

Helium porosimeter

장비는 헬륨 공극을 측정하는 헬륨 탱크, 측정기 본체 및 여러 종류의 시준실로 이루어져 있다. 소형 코어에서부터 전장 코어에 이르기까지 다양한 형태의 시료에 대하여 공극을 측정할 수 있으며, 정밀한 디지털 압력 측정기가 장착되어 있어 공극 체적을 신속하고 정확하게 측정할 수 있다.

■ 실험순서

① 셀과 암석코어의 직경(R, r), 길이(l)를 마이크로미터로 측정한다. 측정값을 통해 셀의 체적(V_s), 암석 코어의 체적(V_b)를 계산한다.

② 질소가스 주입 호스를 공극률측정기(porosimeter)에 연결한 후 질소를 주입하고 초기압력 p_1을 측정한다. 이때 압력계의 값이 고정된 후의 값을 측정한다. 연결된 통(V_2)은 비워둔 후에 밸브를 열고 압력계 값(p_2)을 측정한다.

$$p_1 V_1 = nRT$$

$$p_2 \left(V_1 + V_2 \right) = nRT$$

③ 측정이 끝나면 빈 통에 셀을 넣은 후에 다시 질소가스를 주입하여 p_3를 측정한다. ①과 마찬가지로 밸브를 연 후의 압력계 값(p_4)을 측정한다.

$$p_3 V_1 = nRT$$

$$p_4 \left[V_1 + \left(V_2 - V_s \right) \right] = nRT$$

④ 셀 대신 암석코어를 넣은 후에 ③의 실험을 반복한다(p_5 , p_6 측정).

$$p_5 V_1 = nRT$$

$$p_4 \left\{ V_1 + \left[V_2 - \left(V_b - V_p \right) \right] \right\} = nRT$$

⑤ ②,③,④에서의 식을 통해서 V_1, V_2, V_p 를 계산한다.

⑥ ①에서 구한 V_b 와 ⑥에서 구한 V_p 로 유효공극률 ϕ를 구한다.

■ 결과분석

	R (외부직경)	r (내부직경)	h (높이)	A (단면적)	V (체적)	p_1	p_2
빈 통	–	–	–	–	V_2		
셀							
암석코어		–					

2. 절대투과도

■ 이 론

– 투과도(permeability)

어떤 물질계나 구조에 액체나 기체 등의 확산이 있는 경우에 그 구조가 확산성 물질분자의 통과나 침입을 허용하는 성질이다. 생물학적으로는 세포막 등의 여러 생체막 구조의 투과성이 중요한데, 이 생체막의 대부분은 용매나 일부의 한정된 용질 분자만을 통과시키기 쉬운 반투막을 가진다.

– Klinkenberg 효과

기체를 사용하여 저류층의 투과도를 측정할 때에 모세관에서 일어나는 가스분자의 미끄러짐이 다공질 매질에서도 일어난다. 기체 분자의 평균 유동거리가 압력이 감소함에 따라 공극의 크기와 비슷하게 되면 기체분자의 미끄러짐이 일어나게 된다. 따라서 압력이 낮을수록 미끄러짐 효과가 현저하게 나타난다. 이러한 이유로 인해 기체를 사용하여 측정된 절대투과도는 실제 값보다 높아지게 된다. 이때의 투과도는 평균압력에 반비례하게 된다.

■ 실험장비

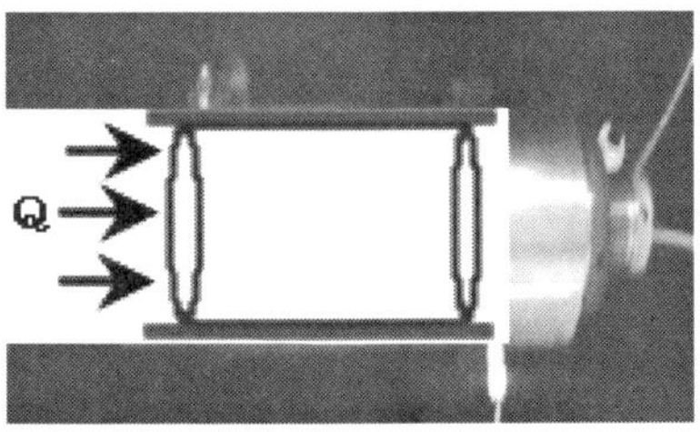

코어 홀더

코어홀더는 슬리브 타입으로 직경 1.5 inch이고, 코어는 내부에 설치된 고무 슬리브에 장착되는데, 하중압은 수압펌프에 의해 고무슬리브 외부에 방사상 방향으로 가해지며, 공극압력은 코어의 양 끝에 있는 가스주입 플러그를 통해 고무슬리브 내부에 가해진다. 하중압의 허용압력은 10,000 psi이다.

습식 유량 측정기

투과도 측정 실험 시 시간당 기계를 통과하는 기체의 체적, 즉 유량을 측정할 수 있는 장비로서 기본단위는 ft^3/s이다. 장비 안에는 일정량의 물이 차있고 기체가 통과하며 물에 녹게 된다. 기체가 더 이상 녹지 않게 되었을 때 장비를 통과하는 기체의 체적을 측정할 수 있게 된다.

■ 실험순서

① 마이크로미터를 통해 암석 코어의 반경(r), 단면적(A), 길이(L)를 구한다.

② 투과용 셀에 암석 코어를 넣은 후에 질소 가스를 주입하여 유입부의 압력(p_1)과 유출부의 압력(p_2)의 차이인 Δp 가 일정할 때까지 기다린다. Δp 가 일정해지면 그 때의 Δp 를 측정한다.

③ Δp 가 일정해지면 그 때의 습식 유량 측정기(wet testmeter)에 유입되는 유량(q)을 측정한다.

④ 유입부의 압력을 변화시켜가며 실험을 한 후 각각의 결과값으로 절대투과도(k)를 계산한다.

$$k = \frac{q\mu L}{A\Delta p}$$

■ 결과분석

	r (반경)	L (길이)	A (단면적)	μ (점도)	Δp (압력강하)	q (유동율)	(평균압력)
1							
2							
3							
4							

$$k[\text{darcy}] = \frac{q[\text{cm}^3/\text{s}] \cdot \mu[\text{cp}] \cdot L[\text{cm}]}{A[\text{cm}^2] \cdot \Delta p[\text{atm}]}$$

3. 상대투과도

■ 이론

- 투과도

일반적인 암석의 투과도는 대부분 1 darcy보다 훨씬 작다. 대부분의 저류암의 투과도가 0.1~0.5 darcy이다. 그렇기 때문에, 분수나 소수를 이용하거나, darcy의 천분의 일인 md를 사용한다. 10에서 100 md면 투과도는 양호한 편으로 그 이상은 예외적으로 높은 값으로 평가된다. 암석의 투과도는 측정 방향과 위치에 따라 상당한 차이를 보인다. 수직투과도와 수평투과도를 들 수 있는데 대개 수평투과도가 수직투과도에 비해 높다.

- 투과도 (Permeability) ⇒ 상대투과도

투과도란 공극이 있는 고체에서 액체나 가스가 흘러가는 능력이며 많은 변수의 영향을 받는다. 암석의 유효 공극률, 공극의 형태 및 비틀림도(tortuosity), 공극 간 연결로의 크기, 암석과 액체 사이의 모세관 압력, 유체의 점도와 압력 구배 등이 변수에 포함된다. 투과도는 Darcy의 법칙을 이용한 방정식으로 계산한다.

$$q(\mathrm{cc/sec}) = \frac{k(\mathrm{darcy})A(\mathrm{cm}^2)}{\mu(\mathrm{cp})}\frac{dp}{dl}(\mathrm{atm/cm})$$

Darcy 법칙의 단위는 darcy를 쓴다. 1 darcy는 1 cp의 점도를 갖는 유체가 1 atm/cm의 압력 구배에서 초당 1 cm^3를 흐르는 투과도이다.

일반적으로 분급이 잘 이루어진 사암에서는 공극률이 클수록 투과도도 증가한다. 그러나 세립질의 퇴적암들은 공극률은 높으나 유체 통로의 표면장력 효과에 의해 투과도는 낮아진다. 탄산염암인 경우는 공극률은 낮지만 공극이 크고 연결성이 좋아 투과도는 높다. 유체가 단상이 아니라 2상 이상인 경우(다상)에는 각각의 유체는 다른 유체의 투과도에 영향을 주게 되는데 이를 유효투과도라 한다. 절대투과도에 대한 유효투과도의 비를 상대투과도라 하며 모든 상의 상대투과도의 합은 1 이하이다. 상대투과도 측정값은 석유 부존 저류층에 대한 매장량 계산, 생산성 예측, 경제성 평가 등과 같은 유전에 대한 초기 평가에서뿐만 아니라 평가 단계를 지나 실제 생산에 들어가서 1, 2, 3차 회수 단계가 되면 중요성은 더욱 커진다. 1차

회수에 있어서 Darcy 방정식에 의해 계산되는 상대투과도 값은 다상의 유체유동을 직접적으로 나타내며 Buckley와 Leverett에 의해 개발된 이론에 의해 묘사되는 수공법(waterflooding)과 같은 오일의 2차 회수 경계면 전진(frontal advance) 단계에서는 유체포화율에 대한 분류(fractional flow)식을 구하는데 상대투과도 값이 사용된다. 또한 2차 회수에서 회수율을 가장 크게 좌우하는 요소인 유동도 조절(mobility control)을 위해 상대유체투과도 값이 필요하다. 이외에 다상 유체유동을 수치모델링으로 묘사하는 저류층 시뮬레이터에서의 전달율(transmissibility)항에도 그 값은 한 부분을 차지하고 있다.

– 상대투과도 측정법

① 정상유동법

정상유동법은 다상의 유체를 각각 동시에 일정한 속도, 또는 일정한 압력으로 코어 시료에 주입시켜 평형 상태에 도달케 한 후 배출유량, 압력구배를 측정하여 Darcy 방정식에 의해 상대투과도를 결정하는 방법이다. 주입되는 유체의 주입 속도를 달리하여 각각의 경우에 대해 평형 상태에 이르게 하는 실험을 반복함으로써 단계적으로 코어 시료에서 포화율의 변화에 따른 상대투과도를 결정한다. 침수 또는 배수 시의 이력현상을 방지하기 위해 포화율의 변화는 단일방향으로만 이루어지도록 조정한다.

정상유동법을 적용하여 고안된 방법에는 Hafford법, Dispersed Feed법, Hassler법, Penn State법, Single-Sample Dynamic법, Stationary Fluid법 등이 있다. Hafford법은 1994년 Hafford에 의해 제안되었으며 이후 Osoba *et al.*, Josendal *et al.* 등이 이에 수정을 가하였다. 이 방법은 코어 시료 양단에서의 모세관압을 같게 함으로써 말단 효과(end effect)를 최소화시키고자 하였으며, 이를 위해 시료 양단에 습윤상의 유체만 투과할 수 있는 다공성 판을 부착하였다. 이 Hafford법을 이용한 실험 기기의 모식도는 아래와 같다. 이 기기는 가스의 압력과 오일의 압력을 독립적으로 측정하며 이 두 상들 간의 압력 차이 즉 모세관압은 가스의 주입 유량을 조정함으로써 일정하게 유지되어, 암석 시료 배출면에서의 모세관압은 주입면에서의 모세관압과 가게 된다. 이와 같은 방법으로 오일과 가스가 코어 내에서 평형 상태로 존재할 때까지 계속하여 평형 상태에 도달하면 시료를 코어 홀더에서 분리하여 중량을 측정한다. 그 다음 유량을 다양하게 변화시키면서 같은 과정을 반복함으로써 포화율에 따른 상대투과도를 측정하는 방법이다.

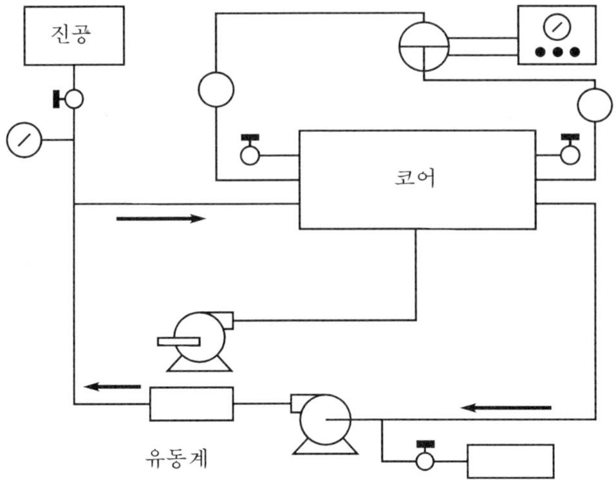

〈Hassler 2상 상대투과도 장치〉

Penn State법은 시료 양 끝에 시료와 유사한 물성을 갖는 물질을 부착하여 한계 효과를 줄이고자 한 방법으로, 이의 측정 실험장치는 아래와 같다.

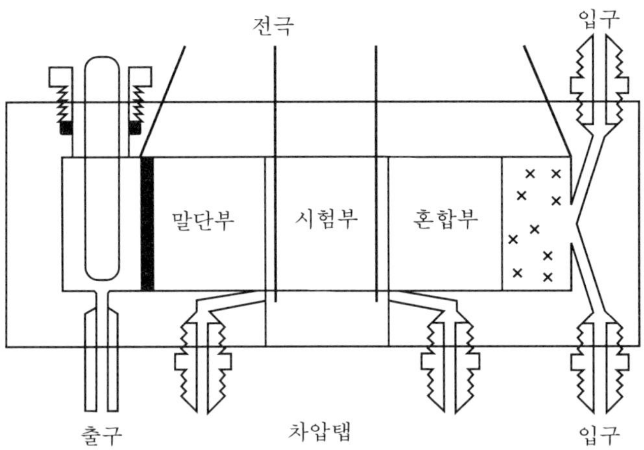

〈Penn State 2상 상대투과도 장치〉

② 비정상유동법

비정상유동법은 동적대체법(dynamic displacement)으로도 알려져 있으며 상대투과도를 가장 빠른 시간에 측정할 수 있는 방법이다. 이 방법에서는 코어 시료 내에 일정 속도로 물을 주입하여 주입 유체와 거주 유체의 포화율이 평형에 도달하지 않은 상태에서 계속적으로 오일과 물의 배출 체적을 측정하므로 매우 짧은 시간에 실험이 진행된다. 이 방법은 Welge에 의해 처음 개발되었는데 그는 Buckley와 Leverett에 의해 유도된 기본 유동방정식에 근거하여 측정 자료를 해석하였다. 비정상유동법에 의한 결과는 해석상에 있어서 수학적 모델의 이용이 정상유동법에 비해 훨씬 복잡한 단점을 지니고 있다. 또한 실험이 간편하고 신속하여 비용이 적게 들지만 모세관의 말단 효과, 수지현상(fingering) 등에 의한 실험상의 문제점 때문에 많은 불확실성을 안고 있다. 해석 방법은 Welge법 이외에도 Jones-Roszelle (JR)법, Johson-Bossle-Naumann (JBN)법 등이 있다.

JBN법과 JR기법을 이용하기 위해서는 모세관압을 무시할 수 있을 정도의 유량이 유지된 실험에서 측정되어야 한다. 즉 유동상태가 유체주입률과 시료의 길이에 영향을 받지 않는 안정 대체(stabilized displacement)에 이를 수 있도록 충분한 주입률을 유지하여야 하며 주입 속도가 모든 단면적에서 일정해야 한다.

■ 실험장비

암석코어, 코어 홀더, 습식 유량측정기, 시린지 펌프(syring pump), 플런저 펌프(plunger pump), 저울

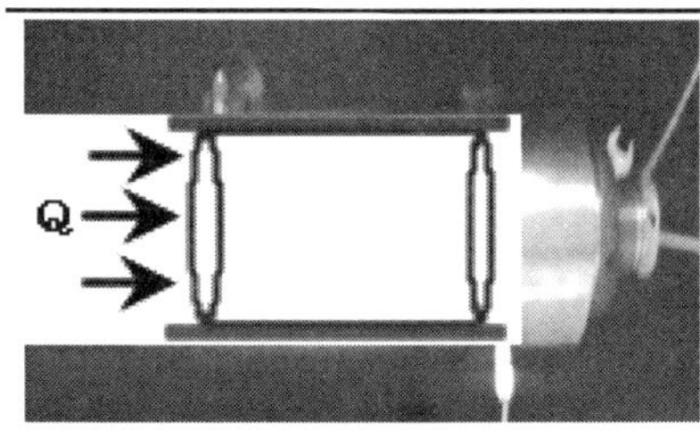	코어홀더는 슬리브 타입으로 직경 1.5 inch이고, 코어는 내부에 설치된 고무 슬리브에 장착한다. 하중압은 수압펌프에 의해 고무슬리브 외부에 방사상 방향으로 가해지며, 공극압력은 코어의 양 끝에 있는 가스주입 플러그를 통해 고무슬리브 내부에 가해진다. 하중압의 허용압력은 10,000 psi이다.
코어 홀더	

	투과도 측정 실험 시 시간당 기계를 통과하는 기체의 체적, 즉 유량을 측정할 수 있는 장비로서 기본단위는 ft^3/s이다. 장비 안에는 일정량의 물이 차있고 기체가 통과하며 물에 녹게 된다. 기체가 더 이상 녹지 않게 되었을 때 장비를 통과하는 기체의 체적을 측정할 수 있게 된다.
습식 유량측정기	

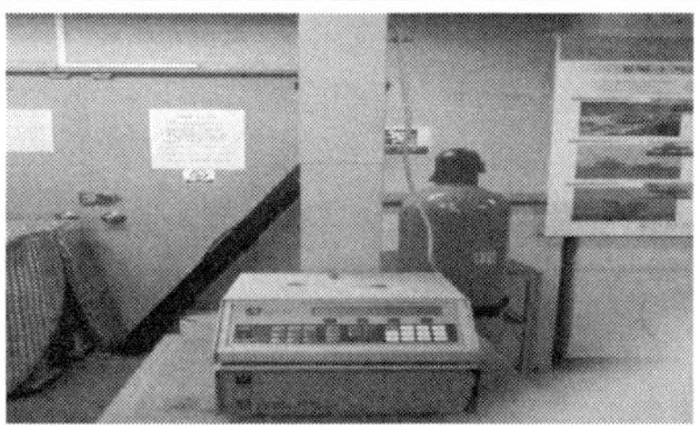	상대투과도 측정 실험 시 질소 가스를 일정한 유량으로 주입시켜주는 장비이다. 단 기계의 용량이 500 ml이므로 그 이상의 용량을 주입하려면 2대 이상의 기계를 사용해야 한다.
시린지 펌프	

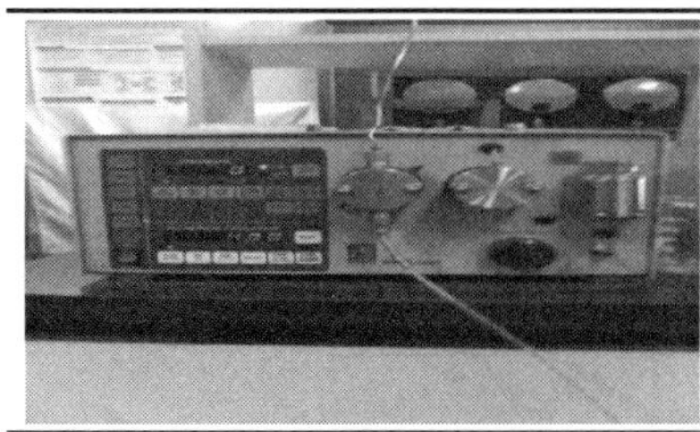	상대투과도 측정 실험 시 물을 일정한 유량으로 주입시켜주는 장비이다.
플런저 펌프	

■ 실험순서

① 절대투과도 실험에서 사용한 코어를 준비한다. 단면적 5.07 cm^2, 길이 13.1 cm의 암석코어를 이용한다. 코어를 미리 물에 담가두어 충분하게 포화시켜둔다. 그 이유는 실험을 배수(drainage) 방식으로 하기 위해서이다.

② 물로 충분히 포화된 암석 코어를 암석 홀더에 넣고 고정시킨다. 그 후 봉압을 150 psi 가해준다. 봉압을 가해주는 이유는 슬리브(sleeve)와 암석 사이로 유체가 흐르지 않게 하기 위해서이다.

③ 플런저 펌프를 연결하고 물을 주입한다. 이때 유량은 4 cc/min으로 주입한다. 정상상태가 될 때까지 충분한 시간을 주입한 후 압력차이를 이용하여 절대투과도를 측정하고 암석 코어의 중량을 측정하여 암석의 S_w를 구한다.

④ 암석 코어를 암석 홀더에 넣고 플런저 펌프와 시린지 펌프를 이용해 물 2 cc/min, 질소 가스 60 cc/min을 동시에 주입한다. 압력차이 및 코어의 중량을 통해 k_w, k_g와 S_w를 구한다.

⑤ 암석 코어를 암석 홀더에 넣고 플런저 펌프와 시린지 펌프를 이용해 물 1 cc/min, 질소 가스 80 cc/min을 동시에 주입한다. 압력차이 및 코어의 중량을 통해 k_w, k_g와 S_w를 구한다.

⑥ 암석 코어를 암석 홀더에 넣고 플런저 펌프와 시린지 펌프를 이용해 물 0.5 cc/min, 질소 가스 100 cc/min을 동시에 주입한다. 압력차이 및 코어의 중량을 통해 k_w, k_g와 S_w를 구한다.

⑦ 암석 코어를 암석 홀더에 넣고 질소 가스만 주입한다. 유량계를 이용하여 질소의 Q를 측정하고 이를 통해 압력차를 측정한다. 압력차이 및 코어의 중량을 통해 k_g와 S_w를 구한다.

⑧ 각 과정에서 구한 S_w, k_w, k_g을 통해 물과 질소가스의 상대투과도(k_{rw}, k_{rg}) 그래프를 그린다.

■ 결과분석

– 기본식

① Darcy 방정식 : $k = \frac{q\mu L}{A\Delta p}$

② 봉압 = psi

③ 물 점도 1.016 cp, 질소 점도 : 0.018 cp

④ 시료 단면적 : cm^2 , 시료 길이 : cm

⑤ 건조 코어의 중량 : g

⑥ 물 1 cc = 1 g (온도 20°C 가정)

⑦ 공극체적(PV) = 포화된 코어의 중량 - 건조된 코어의 중량

⑧ $포화율(\%) = \frac{측정된\ 코어중량-건조\ 코어중량}{포화된\ 코어중량-건조\ 코어중량} \times 100$

⑨ $k_{rw} = \frac{k_w}{k}$, $k_{rg} = \frac{k_g}{k}$

– 계산과정

구분	q_{water} [cc/min]	q_{gas} [cc/min]	Δp [psi]	코어 중량 [g]	q_{water} [cc/sec]	q_{gas} [cc/sec]	Δp [atm]
①							
②							
③							
④							
⑤							

구 분	S_w [%]	k_{rw}	k_{rg}
①			
②			
③			
④			
⑤			

4. 모세관압

■ 이론

그림에서와 같이 탱크의 물 속에 있는 반경 R 인 공기방울이 dR 만큼 팽창하여 유지되는 상태를 살펴보면 다음과 같다.

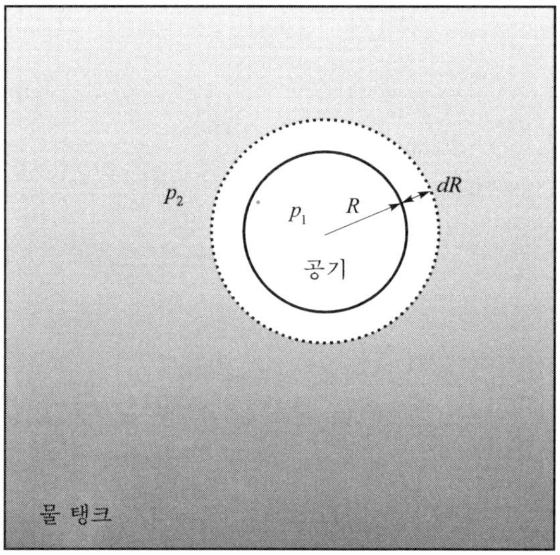

압력 p_2 인 탱크의 물속에서 압력 p_1 의 공기방울이 부숴지지 않고 유지되기 위해서는 공기방울의 압력이 물의 압력보다 커야 한다. 즉 공기방울이 부숴지지 않고 유지되기 위해서는 두 유체간의 압력 차이가 최소 $\Delta p = p_1 - p_2$ 이상이 되어야 한다. 이 최소 압력은 공기방울이 팽창되면서 한 일(work)로부터 다음과 같이 유도된다.

$$\Delta p = \frac{2\sigma}{R}$$

여기서, σ는 계면장력, R은 계면의 곡률반경, Δp 는 모세관압(모세관압, p_c)이다.

■ 실험방법

- 다공성 격막 실험법

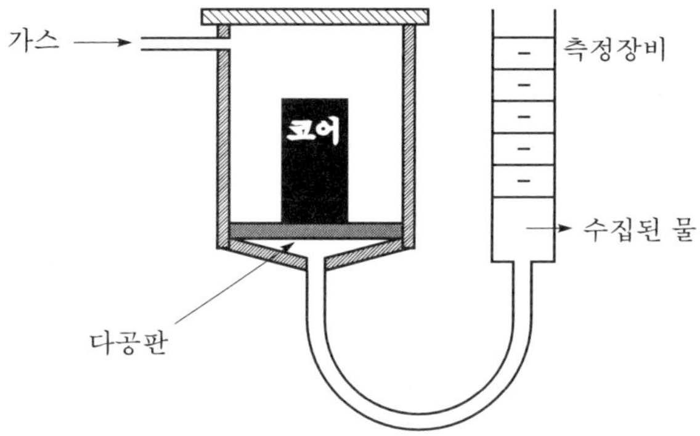

다공성 격막 실험은 물로 100% 포화된 코어를 다공성 격막 위에 올려놓고 일정한 압력을 단계별로 증가시켜가며 진행한다. 각 단계에서 압력이 가해지면 평형상태가 될 때까지 코어 내의 물이 격막을 통해 배출된다. 이 때의 압력이 모세관압이다. 배출된 물의 양을 측정하여 코어 내부의 물 포화율을 산정하게 된다. 이와 같은 진행을 통해 각 단계에서 측정된 압력인 모세관압과 코어 내의 물 포화율을 도시하면 그림과 같이 나타난다.

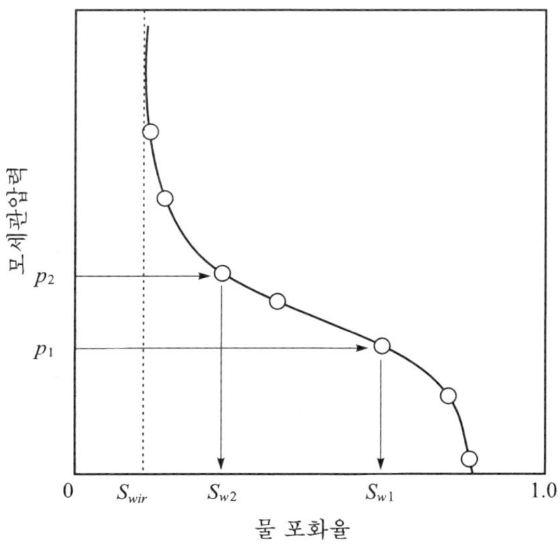

■ 실험순서

① 건조 코어의 중량을 측정하고 코어에 물을 10 cc/min의 유속으로 주입하여 코어를 100% 포화시킨다. 그 후에 포화된 코어의 중량을 측정한다.

- 시료의 단면적은 10.21 cm^2 (직경 : 3.605 cm)
- 시료의 길이는 14.62 cm 라고 함
- 20°C에서 물의 점도는 1.0015 cp이고 질소의 점도는 0.0176 cp이라고 계산함.

PV (공극체적) = 포화된 코어 중량 − 건조 코어 중량 (g) ... 일정

※ 이유 : 물은 상온 시 약 1 cc = 1 g이므로(가정사항) 공극체적을 채운 물의 중량을 통하여 공극체적을 측정함

② 100% 포화된 암석 코어에 압력을 증가하면서 일정압력으로 질소를 주입을 한다. 본 실험에서는 10, 20, 30, 40, 50, 60 psi로 증가를 시키면서 배출되는 물의 양을 측정한다. 이를 통해서 각 압력에서의 포화율을 계산한다.

※ 포화율 계산법 : 중량 측정법

$$\text{포화율}(\%) = \frac{\text{측정된 코어의 중량} - \text{건조 코어의 중량}}{\text{포화 코어의 중량} - \text{건조 코어의 중량}} \times 100$$

포화 코어의 중량(g)	
건조 코어의 중량(g)	

③ 위에서 구한 각 압력에서의 포화율을 이용해서 x 축에 포화율, y 축에 압력으로 설정하여 그래프에 표시를 하면 포화율에 따른 모세관압을 구할 수가 있다.

■ 결과분석

- 이와 같은 방식으로 실험을 한 후 그래퍼를 이용하여 그래프를 그려서 제출하는 방식
- 모세관압의 필요성

석유 부존 저류층에 대한 모세관의 측정값은 천이 구간에서의 포화율 계산을 통한 매장량 계산, 생산성 예측, 경제성 평가 등과 같은 유전에 대한 초기 평가에서 뿐만 아니라 평가단계를 지나 실제 생산에 들어가서 1, 2, 3차 회수 단계에 이르러서는 더욱 중요하게 된다. 그 이유는 2차회수에서의 물주입, 3차회수에서의 가스 및 증기의 주입 등은 다상 유동의 고려가 반드시 필요하므로 모세관압의 정확한 측정은 매우 중요하다고 볼 수 있다.

5. 포화율

■ 이론

대부분의 석유를 함유하는 지층은 석유가 유입되기 이전에는 물로 완전히 채워져 있다가 석유가 근원암으로부터 이동되어 오면 물보다 비중이 가벼운 오일이나 가스는 오랜 지질학적 기간 동안 정역학적 및 동역학적 평형 관계에 의해 상부층의 물을 밀어내고 그 공극을 오일이나 가스가 차지하게 된다. 이때 석유는 공극 내 모든 물을 밀어내지 못하고 일부는 잔류하여 저류층에는 보통 석유 (오일 또는 가스)와 잔류한 원생수(connate water)라고 불리는 물이 함께 함유되어 있다.

저류층 내 탄화수소 (오일이나 가스)의 매장량을 산출하기 위해서는 오일, 가스, 물 각각에 대한 유체 포화율을 알아야 한다. 유체 포화율은 유효 공극체적 중 특정 유체가 차지하는 공극체적의 비율로 정의된다.

① 가스 포화율 : $S_g = \dfrac{(\text{가스 공극체적, } V_g)}{(\text{유효 공극체적, } V_p)}$

② 오일 포화율 : $S_o = \dfrac{(\text{오일 공극체적, } V_o)}{(\text{유효 공극체적, } V_p)}$

③ 물 포화율 : $S_w = \dfrac{(\text{물 공극체적, } V_w)}{(\text{유효 공극체적, } V_p)}$

위의 식으로부터 각 유체가 차지하는 공극체적을 합하면 유효 공극체적이 되므로 각 유체 포화율을 합하면 1.0이 된다.

$$S_g + S_o + S_w = 1.0$$

■ 실험방법

유체 포화율을 측정하는 데는 직접측정법과 간접측정법 두 가지 방법이 있다. 직접측정법은 저류층에서 코어를 채취하여 실험에 의해 포화율을 직접적으로 측정하는 방법이다. 간접측정법은 전기비저항이나 모세관압 등과 같은 암석의 물리적 특성을 측정하여 이들로부터 포화율을 계산하는 방법이다.

– 직접측정법

① 고온증류법 (Retort Method)

② 용매 추출 (Solvent Extraction Method)

고온증류법은 코어 시료에 열을 가하여 시료 내의 물과 오일을 증발시킨 후 이들을 냉각시켜서 그 냉각된 양을 측정하는 방법이다. 고온증류법은 상업적 측면에서는 몇 가지 단점이 있다. 즉, 코어 시료로부터 오일을 축출하기 위해서는 1,000~1,100°F 가량의 온도를 가열하여 물과 오일을 기화시킨 다음 다시 냉각시켜서 용기에 받아 그 양을 측정하게 된다. 그러나 1,000°F 이상으로 코어 시료를 가열하면 암석 내 입자 표면에 흡착되어 있는 결정수(結晶水, water of crystallization)까지 빠져 나와 실제 공극 내에 있는 공극수(孔隙水, interstitial water)보다 더 많이 회수되므로 실제 물 포화율보다 큰 값으로 측정된다. 또한 이와 같은 고온에서는 오일이 분해되거나 코크(coke)화 되어 실제 함유되어 있던 오일 체적보다 낮게 산출될 수 있다. 측정된 물과 오일의 체적으로부터 앞선 식에 의해 각 유체 포화율이 계산된다.

용매추출법은 톨루엔, 가솔린, 나프타와 같은 용매를 가열하여 코어 시료에 통과시킨다. 코어 시료 내의 물과 오일이 가열된 용매와 혼합된 상태로 기화된 후 냉각기에서 냉각되어 눈금관에 집적된다. 이 과정은 물이 더 이상 집적되지 않을 때까지 기다린 후 물의 양을 측정하여 물 포화율을 구하는 식을 통해 계산한다. 오일 포화율은 아래의 식에 의해 간접적으로 결정된다. 즉, 오일과 물로 포화된 코어 시료의 중량, 깨끗하게 건조된 시료의 중량과 측정된 물의 체적으로부터 오일 포화율을 계산한다.

$$S_o = \frac{(\text{총 유체중량}) - (\text{측정된 물중량})}{(\text{유효공극체적})(\text{오일 밀도})}$$

여기서,

(총 유체중량) = (포화된 코어의 중량) – (건조된 코어의 중량)

6. 가스하이드레이트

■ 이론

이 실험은 불타는 얼음이라 불리는 메탄 하이드레이트를 적정 온도와 압력을 취해줌으로써 생성하는 실험이다. 메탄 하이드레이트는 21세기 신에너지 자원으로 빙하기 시대 이후 해저 또는 동토 지역에서 고압, 저온으로 형성된 메탄 수화물이다. 기존 화석연료의 2배에 이르는 양이 매장되어 있어 화석에너지를 대체할 수 있는 미래의 에너지로 주목받고 있다. 이번 실험에서는 메탄 하이드레이트가 생성될 수 있는 온도를 저온의 액체로 유지시켜 주면서 높은 압력을 가하고 일정 시간이 지난 후에 결과를 확인해 본다. 생성된 물질에 불을 붙여 봄으로써 메탄 하이드레이트를 확인해 본다.

■ 실험장비

① 반응기(그림1) : 이 기구는 반응을 자유롭게 제어할 수 있는 기구로서 어떤 물질을 넣고 화학 반응을 시키는 장치를 말한다. 이 실험에서 사용된 반응기는 벽면이 두껍고 상부 덮개는 금속 나사구조로서 높은 압력에도 견딜 수 있도록 설계되었다. 벽면은 냉매가 순환할 수 있는 빈 금속용기로 되어 있고 그 위를 재킷으로 덮어 단열효과를 높여준다.

② 냉각기(Chiller, RBC-20 그림2) : 냉각기는 산업 전반에 걸쳐 제품 생산 과정에서 발생되는 고열을 필요에 따라 냉각시켜주는 다목적 기계로서 실험실 장비나 식품 보관 등 그 쓰임새는 매우 다양하다. 정밀한 온도 조절이 가능하고 그 범위는 20~30°C 정도이다. 이 실험에서는 이 장비에 냉매(부동액+물)을 넣고 냉각한 다음 펌프를 통하여 냉매와 반응기를 순환하면서 반응기를 냉각시킨다.

③ 계면활성제, SDS(도네실황산나트륨) : 이 실험에서 촉매제로 사용되며 가스하이드레이트 생성을 촉진시킨다.

■ 실험 절차

① 냉각기에 부동액과 물을 혼합한 용액을 넣고 온도를 영하 10°C로 설정한다.

② 반응기에 물 400 ml와 SDS(Sodium Dodecyl Sulfate) 0.024 g을 넣는다.

③ 반응기의 상부 덮개를 세척하고 나사산의 밑 부분에 바른 뒤 닫는다.

④ 고압의 메탄가스(CH_4)가 들어있는 가스탱크와 반응기를 연결한다.

⑤ 반응기의 내부압력이 900 psi가 될 때까지 메탄가스를 주입한다.

⑥ 부동액을 이용하여 반응기와 주입관 등의 연결부에서 가스누출 여부를 확인한다.

⑦ 가스 하이드레이트가 생성될 때까지 충분히 기다린다.

⑧ 하이드레이트 생성 후 반응기의 가스 배출밸브를 열어 내부 압력을 제거한다.

⑨ 내부 압력이 제거되면 반응기의 덮개를 열어준다.

⑩ 하이드레이트를 추출한다.

그림 1 반응기

그림 2 냉각기(Chiller, REC-20)

CH_4 가스탱크

〈하이드레이트 결과물에 물을 붙여 확인하는 모습〉

PHYSICAL PROPERTIES OF RESERVOIR ROCKS AND FLUIDS
저류암과 유체의 물성

찾아보기

저자소개

■ 이근상

1984.3~1988.2 서울대학교 자원공학과 공학사
1988.3~1990.2 서울대학교 자원공학과 공학석사
1990.8~1995.5 University of Texas at Austin 공학박사
1995.7~1998.2 금호 전임연구원
1998.3~2011.2 경기대학교 환경에너지시스템공학과 교수
2011.3~현재 한양대학교 자원환경공학과 교수

■ 성원모

1975.3~1979.2 한양대학교 자원공학과 공학사
1980.9~1983.2 Pennsylvania State University 공학석사
1983.4~1987.12 Pennsylvania State University 공학박사
1988.1~1989.2 Pennsylvania State University EOR 연구센터 연구원
1989.3~1990.2 US DOE/NETL 연구원
1990.3~현재 한양대학교 자원환경공학과 교수

저류암과 유체의 물성

저 자 이근상·성원모

발행인 임 해 진
발행처 구미서관

인 쇄 2012년 2월 24일 초판 1쇄
발 행 2012년 3월 8일 초판 1쇄

주 소 서울시 마포구 동교동 174-7 구미빌딩
등 록 1979년 6월 29일 No.9-6호
ISBN 978-89-8225-881-7 (93530)

TEL : (代) 333-1101 FAX : 335-2201
http://www.goomibook.com

정가 16,000원

저자와의 협의하에 인지를 생략합니다.
파본이나 잘못된 책은 교환하여 드립니다.